U0393975

全国页岩气资源潜力调查评价
及有利区优选系列丛书

# 华北及东北区页岩气资源调查评价与选区

国土资源部油气资源战略研究中心等/编著

科学出版社
北京

## 内 容 简 介

本书是我国华北及东北区页岩气资源调查评价与选区研究的第一部专著，系统介绍了华北及东北区主要盆地页岩气发育的层位，页岩气形成的地化、储层和含气（油）性条件，资源潜力和有利区分布等方面的研究成果。本书第一章重点介绍华北及东北区松辽盆地、渤海湾盆地、鄂尔多斯盆地、南华北及南襄盆地、沁水盆地等页岩气发育的地质背景；第二章介绍华北及东北区主要泥页岩层段有机地球化学、储层和含气性特征等页岩气富集条件；第三章介绍华北及东北区页岩气有利区优选标准与资源潜力评价方法；第四章介绍页岩气资源潜力评价结果和分布特征；第五章介绍页岩油资源潜力评价结果和分布特征。

本书可供从事页岩气研究的科技人员、石油院校油气专业师生参考。

**图书在版编目(CIP)数据**

华北及东北区页岩气资源调查评价与选区 / 国土资源部油气资源战略研究中心等编著. —北京：科学出版社，2016.9
（全国页岩气资源潜力调查评价及有利区优选系列丛书）
ISBN 978-7-03-049700-0

Ⅰ.①华… Ⅱ.①国… Ⅲ.①油页岩资源-资源调查-华北地区②油页岩资源-资源调查-东北地区 Ⅳ.①TE155

中国版本图书馆 CIP 数据核字（2016）第 204477 号

责任编辑：吴凡洁　陈姣姣 / 责任校对：郭瑞芝
责任印制：张　倩 / 封面设计：黄华斌

科 学 出 版 社 出版
北京东黄城根北街 16 号
邮政编码：100717
http://www.sciencep.com

中国科学院印刷厂 印刷

科学出版社发行　各地新华书店经销

*

2016 年 9 月第　一　版　开本：787×1092 1/16
2016 年 9 月第一次印刷　印张：9 3/4
字数：175 000

**定价：138.00 元**

（如有印装质量问题，我社负责调换）

## 参加编写单位

国土资源部油气资源战略研究中心
东北石油大学
中国地质大学（北京）
成都理工大学
中国石油大庆钻探工程公司物探一公司
中国石油辽河油田公司勘探开发研究院
中国石化河南油田分公司
中国石化石油勘探开发研究院
中国石化东北油气分公司
中联煤层气有限责任公司

## 指导委员会

赵先良　张大伟　吴裕根

## 编著者

姜文利　李玉喜　张大伟　张金川
乔德武　赵先良　吴裕根　姜福杰
冉清昌　陈守田　陈孔全　杨秀辉
李晓光　胡英杰　毛俊莉　边瑞康
叶　欣　顾娇杨　房　超　周　文
邓虎成　郭少斌　王红亮　陈　祥
严永新　郑求根　张建锋　叶　晗

# 前言

页岩气是一种清洁、高效的气体能源。近年来，美国页岩气勘探开发技术取得全面突破，产量快速增长，对国际天然气市场供应和世界能源格局产生了巨大影响。世界主要页岩气资源大国和地区都在加快推进页岩气勘探开发。为了摸清我国页岩气资源潜力，优选出有利目标区，推动我国页岩气勘探开发，增强页岩气资源可持续供应能力，满足我国不断增长的能源需求，促进能源结构优化，实现经济社会又好又快发展，同时为了更好地规划、管理、保护和合理利用页岩气资源，为国家编制经济社会发展规划和能源中长期发展规划提供科学依据，在国土资源部组织领导下，油气资源战略研究中心组织开展了全国页岩气资源潜力调查评价及有利区优选工作。

2011 年，全国页岩气资源潜力调查评价及有利区优选项目将我国陆域划分为五大区，即上扬子及滇黔桂区、中下扬子及东南区、华北及东北区、西北区、青藏区，在上扬子及滇黔桂区、中下扬子及东南区、华北及东北区、西北区内优选 41 个盆地，划分为 87 个评价单元，优选了 57 个含气页岩层段开展页岩气资源调查评价及有利区优选；青藏区主要开展了页岩气资源前景调查。我国陆上页岩气地质资源潜力为 $134.42\times10^{12}m^3$，可采资源潜力为 $25.08\times10^{12}m^3$（不含青藏区），并初步优选出页岩气有利区 180 个。

2012 年，在全国页岩气资源潜力评价的基础上，重点加强含气页岩层段的进一步识别划分，加强页岩气现场解析和含气性分析，加强储集能力研究，深化有利区优选和有利区资源潜力评价，全面开展页岩油有利区优选和有利区资源评价，继续开展招标区块优选和管理数据库建设。共优选出页岩气有利区 233 个，有利区页岩气地质资源潜力为 $123.01\times10^{12}m^3$，可采资源潜力为 $21.84\times10^{12}m^3$（不含青藏区），主要发育于震旦系—古近系 12 个层系。共选出页岩油有利区 58 个，有利区页岩油地质资源潜力为 $397.46\times10^8t$，可采资源潜力为 $34.98\times10^8t$（不含青藏区），主要分布在石炭系、二叠系、三叠系、侏罗系、白垩系、古近系 6 个层系。

华北及东北区页岩气资源调查评价与选区是全国页岩气资源潜力调查评价及有利区优选的一部分内容，重点取得了以下认识。

1. 明确了泥页岩发育的层位、埋深、厚度及分布

松辽盆地泥页岩发育层段为下白垩统城子河组和穆棱组，上白垩统青一段、嫩一段和嫩二段，古近系虎林组一段。青一段富有机质泥页岩层系厚度为20～45m，平均厚度32m，主体埋深1500～2500m；嫩一段富有机质泥页岩层系厚度为13～24m，平均厚度为18m，主体埋深1500～2400m；嫩二段富有机质泥页岩层系厚度为18～45m，平均厚度为35m，主体埋深700～1500m。渤海湾盆地泥页岩发育于石炭系—二叠系太原组、山西组海陆过渡相碳质泥岩，古近系沙三段、沙四段，主体埋深1000～3000m，厚度为20～100m。鄂尔多斯盆地泥页岩发育层段为下古生界的平凉组，上古生界的山西组、太原组和本溪组，中生界的延长组，厚度为10～70m。南华北盆地泥页岩主要发育于石炭系—二叠系的太原组、山西组，石盒子组也发育，埋深2000m左右，厚度为30～50m。南襄盆地泥页岩主要发育于新近系核桃园组，埋深2000～2500m，厚度为60～90m。沁水盆地泥页岩发育于石炭系太原组，以及二叠系山西组、下石盒子组、上石盒子组，埋深为400～2000m，厚度为80～100m。

2. 基本掌握了主要层段泥页岩地化特征

松辽盆地北部有机碳含量为0.73%～8.68%，热演化程度为0.7%～1.3%，有机质类型为Ⅰ型和$Ⅱ_1$型；南部有机质类型以$Ⅱ_2$型和Ⅲ型干酪根为主，TOC分布于0.08%～1.36%，$R_o$为0.53%～2.01%；齐家古龙地区有机质类型以Ⅰ型和$Ⅱ_1$型为主，少见$Ⅱ_2$型，TOC绝大部分大于1%，$R_o$为0.5%～1.3%。渤海湾盆地有机碳含量为0.1%～5.3%，主要分布在2.0%～2.5%，$R_o$一般为0.6%～2.0%，部分样品$R_o$大于2.0%，有机质类型以$Ⅱ_2$-Ⅲ型为主。鄂尔多斯盆地下古生界平凉组富有机质页岩有机质类型主要为Ⅰ型，个别为$Ⅱ_1$型和$Ⅱ_2$型，TOC为0.6%～1.4%，$R_o$主要为0.9%～1.3%；上古生界山西组泥岩有机质类型主要为Ⅲ型，上古生界泥岩实测TOC一般为1%～3%，平均为3.5%，$R_o$主要为0.8%～2.0%；中生界有机质类型绝大多数属于Ⅰ型，本溪组泥岩有机质类型主要为$Ⅱ_2$型及Ⅲ型，TOC为0.51%～22.6%，$R_o$主要分布于0.5%～1.1%，太原组泥岩有机质类型主要为Ⅰ型、$Ⅱ_1$型。南华北盆地有机质类型以Ⅲ型为主，平均TOC为0.52%～3.21%，北部山西组异常演化区煤$R_o$一般大于3.50%，南部$R_o$为0.7%～1.2%，东部$R_o$最低，一般为0.5%～1.0%；南襄盆地泌阳凹陷有机质类型以$Ⅱ_1$型为主，TOC为0.5%～10%，$R_o$为0.6%～1.7%；南阳凹陷有机质类型属于$Ⅱ_1$型和$Ⅱ_2$型，TOC为0.10%～3.62%，平均为0.62%，$R_o$基本为0.5%～1%。沁水盆地有机质类型以腐殖型为主，少数地区具有腐泥腐殖型，山西组、上下石盒子组泥岩有机质类型主要为腐殖型，太原组泥岩TOC为0.305%～31.05%，山西组泥岩TOC为0.284%～36.94%，下石盒子组TOC为0.075%～

5.59%，$R_o$平均为1.47%，最大达到2.0%以上，属于成熟-过成熟阶段。

3. 完成了主要层段的页岩油气资源潜力评估

应用体积法对华北东北区页岩油气进行了初步的资源潜力评估，整个华北及东北区页岩气地质资源量的期望值为$29.264\times10^{12}m^3$，页岩气可采资源量为$5.338\times10^{12}m^3$；页岩油资源量的期望值为$549.427\times10^8t$，页岩油资源量为$38.6052\times10^8t$。

4. 初步优选了页岩气（油）有利区

基于页岩分布、地化特征及含气性等研究，采用多因素叠加、综合地质评价、地质类比等多种方法，开展页岩气（油）有利区优选，一共优选了页岩气有利区51个，页岩油有利区35个。

华北及东北区页岩气资源调查评价与选区的完成和成果的取得是在油气资源与战略研究中心领导和专家的指导下完成的，也是项目组全体成员辛勤劳动的结晶，工作中得到了相关石油企业、高等院校以及专家的大力支持和帮助，在此一并表示衷心的感谢。

作者

2016年2月

# 目录

第一章

# 含油气页岩形成的地质背景

## 第一节　松辽盆地

### 一、区域构造特征

松辽盆地是一个具断拗双重结构的最大的中新生代陆相含油气盆地。从构造的观点来看，松辽盆地位于环太平洋构造域北段，介于西伯利亚和中朝地台之间，盆地四周被加里东褶皱带和海西褶皱带所环抱，西部为内蒙古海西晚期褶皱带，东部为吉黑海西晚期褶皱带，南部为华北地台北缘——“蒙古地轴”。盆地基底由海西期褶皱变质岩系及同期的岩浆岩构成。盆地内部发育大面积中、新生代地层，白垩系是主要沉积地层，分布范围广、沉积厚度大，是盆地的主要生、储油岩系。

### 二、地层划分对比

从各时代地层分布范围和发育特征看，区内三叠系、侏罗系、白垩系、古近系、新近系5套地层分布广泛，其中三叠系、侏罗系分布范围较小，主要分布在松辽盆地东部地区；白垩系分布最广，几乎整个研究区都有分布；而古近系、新近系在西部地区分布较少，主要集中在中、东部盆地区。

### 三、沉积与岩相古地理特征

1. 松辽盆地北部

青一段沉积时为湖泊先成期的快速水进期，属于最大湖泛期沉积，湖盆第一次兴盛，中央古隆起全部覆没水下，内部物源区消失，西部和北部物源区具有多物源、多河流输入的特征。青山口组自上至下水体由浅变深，发育棕红色、紫红色、绿灰色、灰色、深灰色及黑色泥岩，沉积环境由氧化环境逐渐转变为还原环境，有机质丰度由低变高。缺氧的沉积环境非常适合有机质的保存，形成了比较厚的暗色泥页岩。

嫩一段沉积时期，松辽盆地发生了第二次大规模的湖侵，湖水迅速扩张并近乎覆盖全盆地，盆地中部广泛发育半深湖-深湖相沉积，在嫩一段沉积末期，形成嫩一段末期松辽盆地最大的湖泛面。嫩一段沉积期属于湖扩张时期，此时沉积的最大特点是北部水系的三角洲前缘到深湖区发育大型重力流水道，各水道总体向南延伸直线距离为 50～100km，在深湖区水道末端形成湖底扇。

嫩二段沉积早中期形成于松辽古湖盆拗陷扩张阶段，湖盆面积远远超出现今盆地的范围，是松辽盆地的最大扩张期，现今盆地范围内几乎全部为半深湖-深湖区，仅在盆地北部发育小范围的滨浅湖相，沉积了大面积的、全盆地分布的富有机质页岩。至嫩二段沉积末期，大范围湖侵之后，由于盆地东部开始抬升，导致盆地古地理格局发生改变，沉积范围自东向西逐渐减小，沉降中心逐渐向西迁移并收缩，使地层分布和湖区呈现南北延伸的狭长状，物源方向发生了重大改变，由原来的南北向改为东西向，在盆地东部快速抬升的背景下沉积物快速向湖区推进，形成高角度进积型三角洲。

火石岭组火山喷发结束后，盆地发生了大规模的拉张作用，盆地范围扩大，湖泊急剧扩张，形成了广阔的断陷湖盆，沙河子组开始沉积。沙河子组下部地层由水上的冲积扇、扇三角洲、滨浅湖、半深湖、辫状河三角洲相沉积组成。水上的冲积扇（坡积物）粒度较粗，分布于断陷北部、西部控陷断裂边缘。扇三角洲分布于断陷的东西两翼，主要分布于西侧控陷断裂边缘和东部缓坡带上。西侧扇三角洲规模较小，向湖内延伸长度小，但是群体发育，数量多。东侧缓坡带扇三角洲发育数量较少，呈朵叶状，规模稍大，向湖盆内伸展的长度相对更大。沙河子组下部砂砾岩发育，多为沙河子组沉积初期低水位体系域的冲积扇、扇三角洲沉积。断陷中部发育水体较深的环境，表现为浅湖环境和半深湖环境，半深湖相主要发育于断陷中段。浅湖相主要发育于断陷南北两段。

2. 松辽盆地南部

松辽盆地梨树断陷，火石岭组为断陷的初始裂陷期沉积，该时期以滨浅湖-沼泽相和半深湖相沉积为主，在控盆断裂—桑树台断裂前发育扇三角洲相，深入桑树台断裂东部的半深湖中，湖盆向北东方向变浅。梨树断陷沙一段：以深湖-半深湖沉积、滨浅湖沉积为主，深湖-半深湖相主要发育于桑树台断裂下降盘的深洼地区，以及小宽断裂、双龙次洼、苏家屯次洼，其余大部分地区为滨浅湖沉积。物源主要来自两个方向，即断陷北部的杨大城子凸起和东南斜坡的公主岭低凸起，扇三角洲主要分布于杨大城子、秦家屯、小城子和榆树台地区。近桑树台断裂一侧和苏家屯次洼西侧发育小型水下扇。梨树断陷沙二段：该时期沉积面貌与沙一段基本相同，深湖-半深湖沉积、滨浅湖沉积的分布范围仍然是在断陷深洼带，以及双龙次洼、苏家屯次洼和小宽断裂东侧。营城组岩性是以浅湖、较深湖为主的灰色和深灰色泥岩、粉砂岩沉积以及来自盆地边缘的扇三角洲砂岩、砂砾岩。这一时期总体沉积特征继承了沙河子组的沉积特征，主要表现为深湖-半深湖、滨浅湖、扇三角洲及水下扇的沉积组合特征。登娄库组沉积时期是梨树断陷从断陷沉积到拗陷沉积的过渡转换期，这个时期的湖盆范围较沙河子期、营城期相对萎缩，水体变浅。断裂对沉积的控制作用逐步减弱，主要沉积由早期的深湖-半深湖沉积转变为以河流作用占主导地位的冲积平原及浅水湖泊沉积。长岭地区断陷层以深水断陷湖相沉积为中心，扇三角洲、滨浅湖相为边缘的环带式组合模式，物源多而短，相带窄而变化快，体现出地形坡度大的地貌特征，具有快速沉降、快速充填的超补偿沉积的特点，断裂活动对沉积具有明显的控制作用。拗陷层具有统一的沉积区，沉积范围较大，发源于盆地周边的水系向湖泊汇集，构成了以湖泊为中心的冲积扇-冲积平原-三角洲-滨浅湖-半深湖、深湖相的环带状古地理格局，相带较宽，平面分异显著。松辽盆地南部从嫩一段到明二段总体上湖盆在萎缩。青山口组和嫩江组沉积期为两次大的湖水扩张兴盛期，广泛沉积了青山口组、嫩江组两套半深湖-深湖相的暗色泥岩。

## 第二节　渤海湾盆地

### 一、区域构造特征

渤海湾盆地是发育在太古宇、古元古界结晶基底之上的“克拉通盆地”，北接西伯利亚板块，南临扬子板块，其区域构造背景包括华北大陆板块本身的特性，反映了华北板块所处的大地构造位置及其动力学过程。

中生代以来，华北板块与南北两侧的大陆板块拼贴焊合，成为统一的中国板块，并作为欧亚板块的一部分。太平洋动力体系成为渤海湾盆地的主要控制因素，从而使渤海湾盆地开始了陆内演化阶段。伴随太平洋板块的俯冲作用，渤海湾盆地发生了强烈的改造，使前期克拉通盆地支离破碎，差异沉降明显。在前期克拉通盆地的基础上，产生分割性显著、演化迅速、岩相多变的陆相盆地。在这一演化阶段，华北克拉通已非独立的板块，虽然受到全球超大陆聚散的影响，但并不显著，从而使华北盆地异于其他典型克拉通盆地。

### 二、地层划分对比

1. 上古生界

上古生界由老到新划分为本溪组、太原组、山西组、下石盒子组、上石盒子组、石千峰组。除部分隆起区剥蚀殆尽外，上古生界石炭系和二叠系在渤海湾盆地及周边分布广泛，残留厚度主要分布在1000～1500m，全区呈由西南向东北方向逐渐变厚的趋势。

2. 中生界

中生界的展布具有分布不均匀，各构造单元、各层系间差异性明显的特征，体现了原始沉积作用和后期剥蚀作用的叠加效应。内黄隆起和程宁隆起等隆起区全部剥蚀殆尽，临清拗陷、辽河拗陷在沈阳附近残留厚度较大，局部厚度可达4000m，济阳拗陷、冀中拗陷、渤中凹陷地区局部残留厚度也可达3000m，东濮凹陷一带残留局限，厚度为0～400m。

3. 新生界

新生界地层从上到下可划分为古近系和新近系。新近系主要发育明化镇组和馆陶组地层，富有机质泥页岩主要赋存在古近系沙河街组。古近系从上到下发育东营组、沙河街组、孔店组。

东营组分为东一段、东二段、东三段。东一段主要为一套灰绿色泥岩夹灰白色、灰色砂岩地层；东二段、东三段为灰白色及深灰色泥岩。沙河街组由上到下划分为沙一段、沙二段、沙三段、沙四段。沙一段：可细分为上、中、下三个层位。沙一段上：上部主要为灰色及深灰色泥岩；下部主要为泥岩夹白云质灰岩及生物碎屑灰岩；沙一段中：褐灰色、灰褐色钙泥岩及深灰色泥岩；沙一段下：主要为油页岩、钙质页岩、泥灰岩、白云质灰岩、生物碎屑灰岩及深灰色泥岩。沙二段：灰绿色、绿灰色泥岩，浅灰色、灰白色砂岩、含砾砂岩及砂砾岩夹紫色、深灰色泥岩。沙三段：灰褐色、深灰色泥岩夹砂岩及薄层油页岩、灰岩，盆地边缘相变以灰绿色为主。沙四段：暗紫红色泥岩、含砾砂岩、砂砾岩互层。孔店组可划分为孔一段和孔二段。孔一段主要为棕红色砂岩、粉砂岩和泥岩互层夹碳质泥岩；孔二段主要为灰黑色泥岩夹砂岩，在不同地区夹有碳质泥岩及玄武岩等，在不同地区岩性有细微差别。沙河街组在渤海湾盆地各大区均有分布，以济阳拗陷、冀中拗陷和东濮凹陷最发育，黄骅拗陷、渤中拗陷及辽河拗陷厚度相对较薄。孔店组以黄骅拗陷中南部孔店地区最为发育，济阳拗陷中南部地区的东营凹陷、潍北凹陷、惠民凹陷及冀中拗陷西部较发育，辽河断陷及渤中拗陷的东北部未见发育较完整的该套地层，临清拗陷有分布但厚度较薄。

## 三、沉积与岩相古地理特征

1. 上古生界

上古生界石炭系—二叠系沉积环境可分为陆表海环境、海陆过渡环境和大陆环境：陆表海环境主要由台地沉积体系和障壁海岸沉积体系组成；过渡环境包括三角洲沉积体系和扇三角洲沉积体系；大陆环境由河流沉积体系和湖泊沉积体系组成。

2. 中生界

中生代以来，构造对华北盆地的沉积充填过程具有明显的控制作用，构造与岩相关系非常密切。早中三叠世继承晚二叠世以来碰撞型克拉通构造格局，主要充填了一套红色碎屑岩建造；晚中三叠世渤海湾盆地以隆升剥蚀为主；早中侏罗世陆内盆地和山间凹陷较为发育，主要为一套河流-沼泽相碎屑岩建造；晚侏罗世—早白垩世盆山构造格局十分复杂，单个盆地规模小，分割性强，沉积环境多变，火山岩发育。

3. 新生界

古近纪是裂谷发育的鼎盛期，也是湖盆发育的全盛时期；新近纪湖泊基本消亡，全区以河流-泛滥平原沉积发育为特征。古近纪断陷期地层可划分为 3 个长期旋回，下部旋回、中部旋回及上部旋回，分别相当于孔店组、沙河街组沙四段—沙三段、沙二段—东营组。长期旋回内又可进一步识别出多个中期旋回（层序）。

新近纪坳陷期地层包括馆陶组和明化镇组，在不同地区可划分出多个中期旋回，以发育河流相沉积为特征。一般来说，中期旋回基准面上升早期多发育辫状河沉积，向上随可容纳空间增大，以发育曲流河沉积为主，泛滥平原泥岩厚度较大，至最大可容纳空间位置，即层序上升与下降半旋回的转换位置，泛滥平原泥岩发育，厚度较大；下降半旋回发育泛滥平原泥岩夹决口扇与决口河道沉积。馆陶组是盆地初步连片沉积的产物，渤中-黄骅-济阳坳陷区为沉降中心；明化镇组为盆地后期整体下陷的沉积产物，渤中-黄骅-冀中坳陷区厚度较大。

## 第三节　鄂尔多斯盆地

### 一、区域构造特征

鄂尔多斯盆地是华北克拉通的一部分，也是其中最稳定的一个块体；该盆地现今构造格局形成于中燕山运动，发展完善于喜马拉雅运动。在西部冲断沉降和东部大规模隆升作用下，盆地内彻底改变了始于早奥陶世且一直延续至早-中侏罗世的西隆东拗的构造格局，绝大部分地区形成了西倾单斜，即陕北斜坡。根据东部出露地层推断，盆地东缘抬升幅度可达 3000m 以上。整个盆地现今构造面貌总体为南北翘起、东翼缓而长、西翼陡而短的近南北走向不对称大向斜。

根据盆地现今的构造形态、基底特征（基底起伏、基底断裂），结合沉积建造及油气资源分布特点，盆地划分为 6 个一级构造单元：伊盟隆起、渭北隆起、西缘冲断构造带、晋西挠褶带、天环坳陷、陕北（伊陕）斜坡。

### 二、地层划分对比

1. 下古生界

中奥陶统平凉组主要分布在盆地的西缘和南缘，在盆地西缘又称为乌拉力克组（平凉组下段）和拉什仲组（平凉组上段），盆地本部未见沉积；区域上主要为一套深水笔石页岩与钙屑浊积岩和碎屑浊积岩夹灰绿色砂质泥岩，岩性以浅黑色、黄绿色薄层页岩及粉砂岩为主，夹有细砂岩、砾状灰岩、灰岩及凝灰质砂岩，富含笔石、三叶虫、牙形石等化石。沉积厚度较大，主要为 0～300m，平凉太统山厚 116m，龙门洞厚 132m，景福山厚 580m，岩性在横向上多变。

2. 上古生界

在早寒武世至早奥陶世盆地接受了一套海相地层沉积；中奥陶世由于中央古隆起的形成，盆地内地层沉积厚度减小；之后盆地全面抬升，缺失志留系、泥盆系和下石炭统；上石炭统盆地东部和西部的地层沉积不同，盆地西部是以黑色泥岩、页岩，夹白云岩、砂岩及煤线为主的羊虎沟组，与下伏地层呈角度不整合接触；盆地东部为本溪组，底部为铁铝质泥岩段，其上为泥岩夹煤线；下二叠统包括太原组和山西组，太原组在盆地的东部和西部已经连成一片，全区均有沉积，主要为石英砂岩、泥岩，夹灰岩及可采煤层；山西组以三角洲碎屑岩沉积和河流相粗碎屑岩沉积为主，全区分布，厚度为100～400m；中二叠统包括下石盒子组和上石盒子组，上石盒子组为一套紫红色的湖相泥岩夹灰岩和砂岩，向东厚度有增加的趋势。上二叠统石千峰组为一套含砾砂岩与紫色泥岩互层，厚度约250m。

3. 中生界

中生界地层与下伏上二叠统石千峰组地层呈平行不整合接触，与上覆新生代地层呈角度不整合接触。中生界地层包括三叠系、侏罗系和白垩系。三叠系自下而上分别为下三叠统刘家沟组、和尚沟组，中三叠统纸坊组和三叠统延长组。下三叠统刘家沟组与下伏上二叠统石千峰组地层整合接触，延长组与上覆侏罗系延安组或富县组呈平行不整合接触。盆地普遍缺失下侏罗统富县组沉积，中上侏罗统发育较全，自下而上可分为中侏罗统延安组、直罗组以及上侏罗统安定组、芬芳河组。白垩系仅发育下统，普遍缺失上统，下白垩统志丹群不整合于侏罗系之上。

三叠系延长组是富有机质页岩主要发育层位，为一套以湖泊-河流相沉积为主的陆源碎屑岩系，延长组地层厚度为300～3000m。与下伏中三叠统纸坊组呈平行不整合接触，与上覆侏罗系延安组或富县组呈平行不整合接触。在盆地边缘可见侏罗系角度不整合覆于延长组不同层段地层之上。按照岩性特征通常将延长组自下而上分为5个岩性段：$T_3y^1$ 长石砂岩段，也叫麻斑砂岩段；$T_3y^2$ 油页岩段；$T_3y^3$ 含油砂岩段；$T_3y^4$ 块状砂岩段；$T_3y^5$ 瓦窑堡煤系。随着勘探工作不断向盆地内部扩展和钻井资料的增多，在原来5段的基础上，按照岩性、电性和含油性再将其自上而下细分为10个油层组。

盆地延长组沉积层序自下而上可划分为5个沉积旋回（岩性段）、10个油层组。经历了长十期—长八期初始拗陷、湖盆形成，长七期最大扩展、强烈拗陷期，长六期萎缩，长四期和长五期再短暂扩展，长三期、长二期再萎缩，长一期平稳拗陷、湖盆消亡的演变过程。

### 三、沉积与岩相古地理特征

1. 下古生界

中奥陶世平凉期鄂尔多斯基本结束了早古生代海相盆地的演化历史，加里东运动使鄂尔多斯盆地整体抬升为陆地遭受风化剥蚀；中奥陶世平凉期鄂尔多斯本部基本上已成为一个统一的古陆，只在西缘和南缘接受沉积。

平凉期主要发育开阔海台地、台地边缘滩-礁、台地前缘斜坡及深水盆地相。在不同的区域其相带有一定变化，天深1井到定探1井之间主要发育碳酸盐岩缓坡沉积，岩性以碳酸盐岩为主；向西自乌海—任3井—马家滩—环14井—平凉—陇县一带为台地前缘碎屑岩斜坡沉积，主要发育盆地浊积岩和笔石页岩沉积；向西进入深水盆地相沉积；南缘平凉期主要为开阔海台地、台地前缘碳酸盐岩斜坡、台地边缘生物礁沉积，如富平赵老峪发育碳酸盐岩重力流沉积、耀县桃曲坡生物礁沉积。

2. 上古生界

1）本溪组

本溪组沉积期总的古地理背景与同期华北盆地岩相古地理密切相关。中奥陶世—早石炭世，华北地台隆升遭受长期风化剥蚀，地表已成准平原状态。晚石炭世早期—晚石炭世晚期，海侵已波及现今鄂尔多斯盆地地区，形成陆表海沉积的格局。

本溪期海水主要从东和东南方向侵入该区，形成以障壁岛-潮坪-潟湖沉积体系为主的陆表海环境。在研究区的东北部、中北部和西北部分别发育了规模不等的三角洲，分别位于东北部的府谷与神木一带、西北部的石嘴山地区、中北部的杭锦旗一带。

本溪组发育上述相带的地质条件与古地形背景和物源方向有关。华北盆地晚古生代海侵期具有陆表海性质，这一特征本身就说明了内部基底起伏不大。但相对起伏还是存在的，研究区内及附近周缘的古地形背景图显示了研究区北部和西部在本溪期是相对较高的地形，区内中部和东部与东南部是相对较低的地形。

本溪组沉积结束前，现今的鄂尔多斯盆地大面积沼泽化，在北部的三角洲相带和大范围的障壁岛-潟湖-潮坪体系的基础上发育了分布广泛、厚度稳定的煤层。盆地南部受庆阳古低凸起的影响，本溪组沉积厚度不大，碎屑沉积不如北部和中北部发育，沼泽化的程度要弱些。盆地南部本溪顶部的煤层厚度不大，连续性变差。

2）太原组

继中石炭世沉积之后，随着盆地沉降，海水自东西两侧及南部向北扩大。早二叠世太原晚期开始，由于构造抬升，在盆地西北部、北部、东北部以及西南部有三角洲沉积进入陆表海的潮坪环境中，形成海陆交错的沉积格局。

太原组分为两段，在盆地北部，砂体主要分布在下段，灰岩和泥岩主要分布在上段，总体是一个海侵层序。在盆地中部，太原组上下段主要是灰岩与泥质岩。太原组古地理格局总体景观是北缘为冲积平原相带，北部为辫状河至三角洲相带，中北部至南部广大区域为潟湖-潮坪-障壁岛以及东部为浅海陆棚碳酸盐岩沉积体系，形成了陆源碎屑与碳酸盐岩的混合沉积。

3）山西组

从早二叠世晚期开始，华北盆地发生海退。华北盆地主要为河流-三角洲平原相。位于华北盆地西部的鄂尔多斯盆地地区在山西组早期即山二期，以河流沉积为主，占据了盆地的主体相带。浅湖位于盆地南部环县至延安一带，在浅湖的南北边缘发育了宽度不大的三角洲相带。

山西组分为两段，下部为山二段，上部为山一段。成家庄北岔沟砂岩之下的泥质岩含动物化石，代表潟湖相沉积。在潟湖相泥岩之上发育潮汐层理，反映由潟湖相向潮坪相的转变。在潮坪相之上还发育了一层厚1m左右的含植物化石的沼泽相。

盆地在古地理景观方面以辫状河河道和洪泛平原以及泥炭沼泽两个古地理景观最为突出。但在现今盆地范围内，大致以乌审旗为界，其东西两侧的河流类型不同。东部山二期主要发育辫状河体系，西部发育曲流河体系。山二期早期，由于北部物源区的不断抬升，侵蚀速度加快，河流作用不断向南推进，辫状河河道砂体发生大规模的进积作用。山二段的沉积相通常是砂泥混积的潮坪相、湖滨相，含植物化石的泥岩沼泽相以及煤层。局部下切直接与太原组灰岩接触。

3. 中生界延长组

中生界三叠系延长组主要发育6种沉积相、15个亚相类型。沉积相展布南部基本上为湖相沉积体系，边缘以粗碎屑河流-三角洲沉积体系为主；各沉积相带的平面变化基本上呈环带状展布。

从晚三叠世开始，随着秦祁地槽的最终关闭，秦岭开始隆起，致使盆内物源补给充沛，盆地进入大型内陆湖泊沉积期。沉积厚度大、分布范围大、水域广而深度浅、地形平坦且分割性较弱。在盆地东北部、西北部和西南部依次发育强烈向湖盆方向推进的盐池、定边、吴旗、志丹、安塞、延安、富县和黄陵等较大规模的朵状或鸟足状湖泊三角洲，晚三叠世延长期代表了一个完整的内陆湖盆沉积旋回，包含湖盆发生、发展和消亡的全过程。

长九期为湖盆发展期，湖盆范围扩大，各类三角洲体系向外退移，北到鄂托克旗，南到长武，西到环县，东到白豹一线广大区域为湖盆沉积，而白马—马岭—槐树庄林场一线为半深湖-深湖沉积，在扩大的湖盆范围内，第一次出现由直罗—张岔—花池—固城—正宁所圈定，并向东南开口的深湖-半深湖沉积。在长九晚期，形成区域上分布稳定并可对比的第一套生油岩系标志层——“李家畔”页岩。在深湖区存在油页岩，说明该期暗色泥岩已具有一定的生烃能力。

长七初期湖盆发生迅速的构造沉降作用，导致湖侵达到鼎盛、湖水迅速上升，湖岸线大幅度内外扩展，水体明显加深，半深湖-深湖分布于盐池北、定边、吴起、志丹、永宁、环县东、庆阳、正宁、直罗、洛川及其以东广大地区，在金锁关、宜君也有分布，水生生物和浮游生物繁盛，以发育深灰色、灰黑色泥岩和油页岩为主，有机质丰富，构成最主要的泥页岩分布区；其外围环绕的浅水湖亚相，深灰色、灰黑色泥岩厚度为60～70m，均是最有利泥页岩分布区，形成了盆地内最主要的分布稳定的“张家滩”页岩生油岩系。

长四期和长五期是继长六期大规模沉积充填之后的一个低速沉积缓冲期，发育深灰色泥岩、泥质粉砂岩交互的湖沼相沉积，为第二次湖侵期；湖盆面积相对长七期而言大幅度缩小，滨浅湖虽有一定范围，但是湖水较浅，多为三角洲平原化或沼泽化，多形成砂岩与泥岩互层，泥岩单层厚度不大。

# 第四节 南华北盆地及南襄盆地

## 一、区域构造特征

### (一) 南华北盆地

南华北盆地处于华北板块南部及秦岭-大别造山带结合部，在长期的地质历史中，经历了长期的、多期构造变动，总体上可划分为三个大的巨型构造发展旋回：前震旦纪褶皱基底形成巨旋回、震旦纪—三叠纪统一克拉通盆地形成（盖层形成）巨旋回、三叠纪后（侏罗纪—新近纪）褶皱造山与叠加改造巨旋回。

南华北盆地位于秦岭-大别造山带之北、华北地台南部，地跨华北地台稳定块体、地台南部边缘变形带和秦岭-大别造山带北部边缘。发育众多的中新生代沉积盆地。这些中新生代盆地是在近东西向基底构造的基础上形成、演化而成的叠合盆地。盆地总体延伸方向为近东西向，与秦岭-大别造山带平行。

南华北盆地从南至北可划分为卢氏-周口拗陷带、嵩箕太康隆起带和三门峡-开封拗陷带。卢氏-周口拗陷包含张桥凹陷、鹿邑凹陷、临汝凹陷、襄城凹陷、谭庄凹陷、倪丘集凹陷、三岗集凹陷、午阳凹陷、新桥凹陷、临泉凹陷、阜阳凹陷、板桥凹陷、汝南凹陷、东岳凹陷等凹陷。三门峡-开封拗陷带上包含三门峡凹陷、宜阳凹陷、洛阳凹陷、济源凹陷、中牟凹陷、民权凹陷、东濮凹陷和汤阳地堑。

### (二) 南襄盆地

南襄盆地为燕山晚期开始形成的中新生代陆相山间断陷盆地，沉积盆地周缘受到断层的控制，主要包括泌阳凹陷和南阳凹陷，凹陷的沉积厚度、分布面积、生油条件及油气富集程度差异较大。

#### 1. 泌阳凹陷

控制泌阳凹陷形成和发展的主要因素是断裂作用。按规模大致分为边界基底大断裂、盆内次级基底断裂和沉积盖层断裂三大类，其中，边界基底大断裂控制着凹陷的形成和发展，盆内次级基底断裂控制着凹陷内次级构造带的发展演化。北西西向的唐河-栗园断裂和北北东向的栗园-泌阳断裂决定了次级基底断裂的方向和性质。次级基底断裂主要发育在北部斜坡区。沉积盖层断裂以北部斜坡区为主，在盆地的西北部为北东东向或近东西向，到盆地的东北部转为南北方向。控制泌阳凹陷形成和发展的断裂体系大致有两种作用形式：早期（核三段沉积之前）以北北东向或近南北向拉张应力为特征；晚期（核三段沉积之后）以北西向拉张应力作用为主，以北西向抬升为特征。泌阳凹陷自北向南可分为三个构造单元，即北部斜坡带、中部深凹带和南部陡坡带。中部深凹带是主要生烃区，北部斜坡带和南部陡坡带是油气运移主要指向区和聚集场所，北部斜坡带以断鼻断块油藏为主，南部陡坡带以砂岩上倾尖灭和构造油藏为主，中部深凹带以岩性油藏为主，形成“满盆含油”的态势。

2. 南阳凹陷

根据沉积盖层分布、基底结构、构造变形特征并结合现今的分隔性对南阳凹陷划分为三个三级构造区：南部断超带、中部凹陷带和北部斜坡带。

南部断超带：由于新野断裂倾角较小，水平拉张作用强，随着断面不断向南迁移，引起同沉积核桃园组地层沿缓倾的断层面不断同生向南超覆，从而形成了约 4km 宽的地层上超带；超覆带西部东庄次凹较宽，加上边界断层下降盘伴生的次级断层，可以形成有利的局部构造。

中部凹陷带：它紧邻南部边界断层，主要分布于东庄—牛三门一带，北界以东庄背斜北部断层东 1 号断层向东与魏 34 井连线，与北部斜坡相接，区内断层发育。东部牛三门次凹呈南深北浅的“箕状”；而东庄次凹呈较为对称的地堑状。深凹带控制了该区泥页岩的分布。

北部斜坡带：北部斜坡带位于凹陷北部，深凹带至禹桐断层间，地层逐渐向北抬升，具有东高西低的特征，属于在裂陷期沉降缓慢区，地层厚度薄，古近纪末抬升遭受剥蚀，表现为廖庄组分布局限，核桃园组顶部地层局部被剥蚀。由于边界断层平缓，垂向沉降幅度小，加上上陡下缓的断面形态，使斜坡带面积占凹陷很大比例。斜坡带并不完整，断裂发育，以三、四级断层为主，走向以北东向为主，局部构造以断块和断鼻为主。

## 二、地层划分对比

### （一）南华北盆地

华北南部的石炭系和二叠系分布广泛，发育良好，沉积类型多样，生物化石丰富，是研究中国海陆交互相石炭系和二叠系的最佳地区之一。南华北盆地上古生界主要包括上石炭统和二叠系，为连续沉积，其含煤层系可划分为 8 个含煤段。其中，周口拗陷上古生界仅在鹿邑、倪丘集一带保存完整，钻厚一般为 1000m，最大厚度为 1375m。向西南方向地层依次剥蚀缺失，在凸起区剥蚀殆尽，凹陷区最小残厚 90m。

### （二）南襄盆地

1. 泌阳凹陷

新生代地层层序从上至下依次是新生界第四系平原组、新近系凤凰镇组（又称上寺组），以及古近系渐新统廖庄组、核桃园组和始新统—古新统大仓房组—玉皇顶组。其中，核桃园组自上而下分为核一段、核二段和核三段 3 个段，核三段是泌阳凹陷的主要含油气层段。

古近系大仓房组：该组厚 300～1000m，为一套暗棕红色泥岩、砂质泥岩夹砂岩，其顶部泥岩中常见石膏晶体和斑块或薄夹层，向上灰色泥岩逐渐增多，与核桃园组呈过渡关系。该组与下伏玉皇顶组呈整合接触。

古近系玉皇顶组：该组厚 2000～3000m，以暗红色泥岩与浅棕红色砂砾岩为主，夹薄层紫红色泥岩、砂岩。

2. 南阳凹陷

沉积盖层主要为新生界，新生界最厚约 5500m，新近系和第四系最厚 970m，与古近系呈不整合接触。古近系最大厚度约 4800m，自下而上划分为玉皇顶组、大仓房组、核桃园组、廖庄组，构成一个完整的沉积旋回。位于旋回中部的核桃园组（尤其是核二段和核三段）是凹陷的主要含油目的层，最厚约 2500m。东部地区现钻遇的地层自上而下有：第四系平原组、新近系凤凰镇组、古近系廖庄组、核一段、核二段、核三段、大仓房组、玉皇顶组。新近系和古近系为不整合接触，研究区的主要含油层系为核二段和核三段。

## 三、沉积与岩相古地理特征

### （一）南华北盆地

华北地区是在中奥陶世末以来在长期剥蚀的夷平面上形成的，中石炭世海水由北东方向侵入，由北向南侵漫超覆，古地势仍然为南高北低。随后，显著的海陆变化发生于中石炭世末或晚石炭世初期，古地形转变为北高南低，形成向南东方向倾斜的海底斜坡，海水来自南东（下扬子）方向，形成晚古生代海侵的高潮。大别古陆屏障作用有限，确山—淮南一带为海水进出的主要通道。这种古地形特征一直保持到晚二叠世早期。其主要物源来自西北部的中条古陆，海岸线近东西向。在海平面变化和海水向南东方向退缩的过程中，由北向南形成了一系列三角洲沉积体系和近东西向的聚煤带。

1. 早二叠世太原期

区内早二叠世太原期古地貌与晚石炭世本溪期相比略有变化，表现在中条古陆和洛固古陆范围有所缩小。晚石炭世的一些岛屿大多沦为水下高地，如嵩箕岛群等，除晚石炭世早期短时期保留了古岛的面貌外，其他阶段均被海水淹没。受水下高地所制约，豫西地区沉积了一套泥晶生物碎屑灰岩、砂屑灰岩、砂岩、粉砂质黏土岩、碳质页岩及劣质煤线等岩石类型，具水平层理及动植物化石碎片，属潮下沉积环境；淮南、淮阳及郑州等地岩石类型为深灰色和灰色泥晶灰岩、生物碎屑灰岩、砂岩、粉砂岩、碳质页岩及煤层，生物化石丰富，属潮间沉积环境；阜南、汝阳等地岩石类型为灰岩-泥页岩组合，为潮上沉积环境。

2. 中二叠世山西期

山西早期，是在早二叠世太原末期陆表海海水逐渐退出的基础上形成的潮坪及泥炭沼泽，海岸线较太原期明显向南迁移，潮坪沉积向南达平顶山。从砂泥变化看，北部以泥坪为主，南部砂质增多，豫西等地以砂泥混合坪为主。

山西晚期，沉积环境主要为河流-三角洲-潟湖相。盆地北部岩石类型主要为浅灰色和灰色砂岩、粉砂岩、碳质泥页岩及煤层，属三角洲沉积环境；汝南、阜阳及淮南地区岩石类型为深灰色和灰色泥晶灰岩、砂岩、粉砂岩、碳质泥页岩及煤层，为潟湖沉积环境。随着山西末期的一次海侵而结束了山西期沉积，开始了中二叠世下石盒子期的沉积。

3. 中二叠世下石盒子期

中二叠世下石盒子期，由于海退，三角洲快速建设。自北向南依次呈现三角洲平原—三角洲前缘—潟湖。该时期主要发育四支河道：①新安—伊川—汝阳一线；②温县—登封—平顶山一线；③中牟—尉氏—周口一线；④砀山—亳州一线。其中三角洲平原沉积区位于渑池—中牟—民权—夏邑—萧县一线以北地区，主要由长石石英砂岩、岩屑石英砂岩、石英砂岩、粉砂岩、碳质泥岩及煤层组成。该线以南与洛参1井—鲁山—周16井—周26井—蒙城一线以北地区为三角洲沉积区，主要岩石类型为石英砂岩、粉砂岩、砂质黏土岩、泥岩、碳质页岩、煤层等，具交错层理、波状层理、水平层理等。洛参1井—鲁山—周16井—周26井—蒙城一线以南地区为潟湖沉积区，主要由深灰色及灰色粉砂岩、泥质粉砂岩和页岩夹灰色细砂岩组成。

4. 晚二叠世上石盒子期

晚二叠世上石盒子期在西南和西北方向都有相对的隆起存在，整个古地貌为西高东低，这种古地貌特征控制了上石盒子组含煤沉积建造的形成和发展，表现在沉积层上，盆地东部地层厚度明显大于西部。南华北盆地沉积相带自北向南依次为三角洲平原—三角洲前缘-潟湖相区。该时期发育四支河道：①新安—宜阳一线；②新密—平顶山一线；③开封—通许—扶沟—周口一线；④砀山—夏邑—永城一线。三角洲平原相区位于渑池—孟县—开封—砀山一线以北地区，以灰白色和灰色中粗粒石英砂岩、岩屑石英砂岩、长石石英杂砂岩为主，具板状交错层理，含大量植物茎干化石碎片；该线以南和芮城—汝阳—沈丘—宿州一线以北地区为三角洲前缘沉积区，主要为灰色、深灰色中细粒长石石英砂岩，具水平及交错层理；潟湖相区位于芮城—汝阳—沈丘—宿州一线以北，由黑色、灰黑色泥页岩和硅质黏土岩组成。沉积相区的规律性分布，体现了以河流作用为主的三角洲由北而南向浅水海湾进积的古地理格局。

### （二）南襄盆地

1. 泌阳凹陷

较深湖区主要分布在南部大断层下降盘一侧，与岸边山区毗邻。斜坡区为浅湖相，沉积了灰色-灰绿色泥岩夹褐色油页岩和砂砾岩。盆地边缘还未见滨岸沉积，且沉积范围以剥蚀线为界，说明湖盆范围大。较深湖相和浅湖相的分布在平面上呈半环状，具有箕状断陷湖盆相带分布的特点。

2. 南阳凹陷

南阳凹陷沉积体系的发育除受气候和区域构造背景条件影响外，沉积物补给和高频湖平面的高低变化直接控制着沉积体系类型的形成和演化。

## 第五节 沁水盆地

### 一、区域构造特征

沁水盆地位于华北断块区吕梁-太行断块内，属于典型的板内构造，包括太行山块隆西缘和沁水块场东部，北起盂县拗缘翘起带、南至析城山拗缘翘起带、沾尚-武乡-阳城北北东向褶带及其以东地区，是中生代形成的大型复式向斜盆地。该区先后经历了海西期、印支期、燕山期和喜马拉雅期运动，几次构造运动均对该区产生了显著的影响。

沁水盆地总体上为一北北东向复向斜构造，介于太行隆起带和吕梁隆起带之间，复向斜轴线大致位于榆社—沁县—沁水一线，构造相对比较简单，断层不甚发育。南北翘起端呈箕状斜坡，东西两翼基本对称，边侧下古生界出露区，倾角较大，向内变平缓，古生界及中生界背斜、向斜和褶曲比较发育，但幅度不大，面积较小。不同地区构造特点不同，总体来看，西部以中生代褶皱和新生代正断层相叠加为特征，东北部和南部以中生代东西向、北东向褶皱为主，盆地中部北北东—北东向褶皱发育。断层主要发育于东西边部，在盆地中部有一组近东西向正断层，即双头-襄垣断裂构造带。

### 二、地层划分对比

该区出露的地层自下（老）而上（新）主要有下古生界中奥陶统峰峰组、上古生界中石炭统本溪组和上石炭统太原组、下二叠统山西组和下石盒子组、中二叠统上石盒子组和石千峰组、中生界三叠系、新生界古近系和新近系，其中太原组和山西组的暗色泥岩、粉砂质泥岩及碳质泥岩，在该区广泛分布，保存完整，是进行页岩气勘探的主要层系。太原组岩性为煤层、石灰岩、铝土质泥岩、粉砂岩和粉砂质泥岩；山西组岩性以细砂岩、粉砂岩、黑色泥岩及煤层为主，石灰岩仅在局部地区见到。

### 三、沉积与岩相古地理特征

1. 沉积体系和沉积特征

石炭系—二叠系发育一套由海向陆过渡的海陆交互相含煤岩系，晚石炭世为一套浅海陆棚-开阔台地生物滩及滨岸海湾-淡化潟湖沉积环境，早二叠世早期发展为三角洲沉积体系，早二叠世晚期及晚二叠世早期，基本为一套陆相冲积沉积体系，晚二叠世晚期，发育一套陆相河流-三角洲沉积。

2. 沉积环境演化

晚石炭世（太原组沉积期），海侵方向由东北改变为南东，海侵范围扩大，沉积了太原组底部的晋祠砂岩和吴家峪灰岩，晋祠砂岩厚度及粒度变化特征指示了一个来自北部的物源。之后，在沁水盆地发育多达 4～5 层的石灰岩层。由南向北，石灰岩层数减少，渐变为海相泥岩，为沼泽-滨外碳酸盐陆棚-潟湖相的多次次一级的海水进退旋回演化序列，沉积环境垂向演化总的规律是陆表海清水沉积与浑水沉积交替出现，构成滨外碳酸盐陆棚-障壁砂坝混合体系的岩相古地理演化序列，煤层主要聚集在潟湖淤浅而成的泥炭沼泽中。早二叠世早期（山西组沉积期），随着华北板块不断向北仰冲，继续海退。研究区古地理以河口砂坝—分流间湾—泥炭沼泽—分流间湾—分流河道为代表的下三角洲平原演化过程，在分流间湾环境中形成了较稳定的 2 号和 3 号煤层。

# 第二章

# 含油气页岩地质特征

## 第一节 松辽盆地

### 一、含气（油）页岩分布特征

（一）松辽盆地北部

1. 下白垩统城子河组和穆棱组泥页岩层系

城子河组和穆棱组沉积过程中，主体处于深湖-半深湖沉积环境，暗色泥岩发育，城子河组和穆棱组为泥页岩较发育层位。

2. 下白垩统沙河子组泥页岩层系

沙河子组与城子河组、九峰山组、上云山组相当，主体为深湖-半深湖环境沉积。暗色泥岩厚度大，一般为 50～500m，最厚 1900m。沙河子组暗色泥岩层系具有断陷的“泥包砂”岩性组合，泥岩层多发育厚度不等的煤层。煤层厚度一般为 5～50m，最厚 150m。

3. 上白垩统青山口组、嫩江组泥页岩层系

青一段富有机质泥页岩层系厚度为 20～45m，平均厚度为 32m。嫩一段富有机质泥页岩层系厚度为 13～24m，平均厚度为 18m；嫩二段富有机质泥页岩层系厚度为 18～45m，平均厚度为 35m。

（二）梨树断陷

在纵向上发育多套暗色泥页岩层系，主力暗色泥页岩层系为沙河子组和营城组，主要存在三套富有机质泥页岩层段，其中营一段可以划分为两套富有机质泥页岩段。营一段Ⅱ泥组泥页岩顶面埋深为 1100～4500m，从西部深洼区向东北逐渐变浅，桑树台深洼区埋深多超过 3000m，最大埋深超过 4500m，苏家屯次洼顶面埋深一般为 1300～3100m，双龙地区埋藏最浅，多为 1000～1200m。富有机质泥页岩厚度为 0～170m，除北部斜坡带、东部斜坡带、苏家屯次洼东北部和七棵树地区泥页岩厚度较薄外，其他地区厚度均超过 30m。

营一段Ⅰ泥组泥页岩顶面埋深呈现与Ⅱ泥组相同的趋势，同一地区泥页岩的顶面埋深比Ⅱ泥组深100m左右。泥页岩分布范围较Ⅱ泥组有所扩大，主要表现为东部斜坡带及七棵树地区泥页岩分布范围扩大，此外，苏家屯次洼泥页岩分布范围也有所扩大。从泥页岩厚度来看，营一段Ⅰ泥组厚度为0～160m，厚度最大区仍在桑树台深洼，多大于100m；苏家屯次洼厚度分布趋势与Ⅱ泥组基本一致，只是分布范围有所扩大；双龙次洼厚度较大区分布范围有所减小，泥页岩厚度大于50m的范围主要分布在SW21井至SW20井区附近；太平庄及七棵树地区泥页岩厚度也多在50m以上。

沙二段泥页岩分布范围更大，基本全区均有分布。顶面埋深为1400～4800m，除桑树台深洼外，其他地区多小于3500m，苏家屯次洼埋深为1800～3200m，从西南向东北物源区呈现减薄的趋势；东部斜坡带多数地区埋深也均达到2500m以上；北部斜坡带及双龙次洼埋深相对较浅，多小于2000m；太平庄、七棵树地区顶面埋深一般为1800～2500m。从泥页岩厚度来看，桑树台洼陷泥页岩厚度多大于100m；双龙次洼泥页岩厚度也较大，厚度多为50～160m，苏家屯次洼呈现东西两边薄、中间厚的特征，这主要受沉积相的影响；八屋、十屋及七棵树地区泥页岩厚度一般大于50m，东南斜坡带及皮家地区泥页岩厚度多小于30m。

#### （三）长岭地区

长岭地区富有机质泥页岩层段主要赋存在嫩一段、嫩二段及青一段顶部，共可划分为三套富有机质泥页岩。嫩一段、嫩二段泥页岩分布范围广，且厚度较稳定，基本全区可稳定追踪，而青一段顶部富有机质泥页岩段分布范围较局限，主要分布在北部深洼部位，长岭以南及白城、洮安一带缺失本套富有机质泥页岩。

## 二、页岩有机地化特征

### （一）有机质类型

#### 1. 松辽盆地北部

青一段有机质类型主要为Ⅰ型，部分为$Ⅱ_1$型。嫩江组嫩一段和嫩二段发育Ⅰ型、Ⅱ型和Ⅲ型干酪根。

#### 2. 松辽盆地南部

梨树断陷营城组干酪根类型为$Ⅱ_1$型＋$Ⅱ_2$型＋Ⅲ型，以$Ⅱ_2$型和Ⅲ型干酪根为主（图2-1），沙河子组干酪根类型以$Ⅱ_2$型和Ⅲ型为主（图2-2）。苏2井营一段泥页岩氢指数均小于100，$T_{max}$值均高于450℃，处于成熟-高熟演化阶段，营一段泥页岩绝大多数样品判断为$Ⅱ_2$型和Ⅲ型有机质；营一段泥页岩均为$Ⅱ_2$型和Ⅲ型有机质，以生气为主，个别层段偶见Ⅰ型和$Ⅱ_2$型有机质。从干酪根碳同位素看，嫩一段泥页岩干酪根碳同位素值较轻，为－27‰～－23.5‰，为$Ⅱ_2$型和Ⅲ型干酪根。

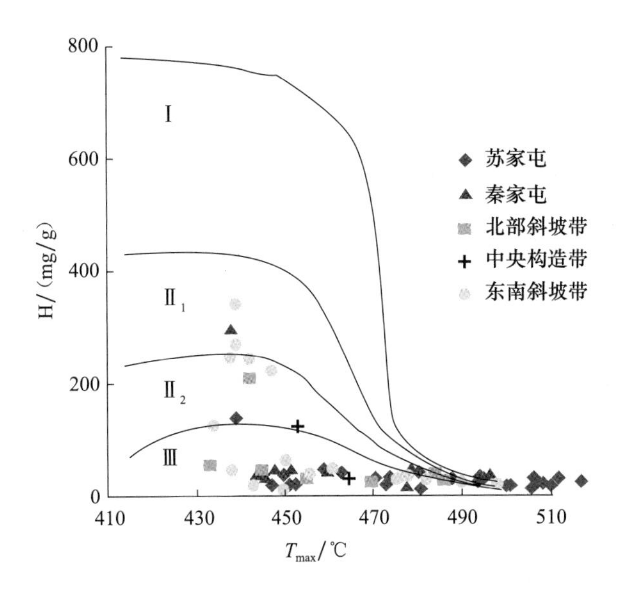


图 2-1 梨树断陷营城组岩石热解划分有机质类型图

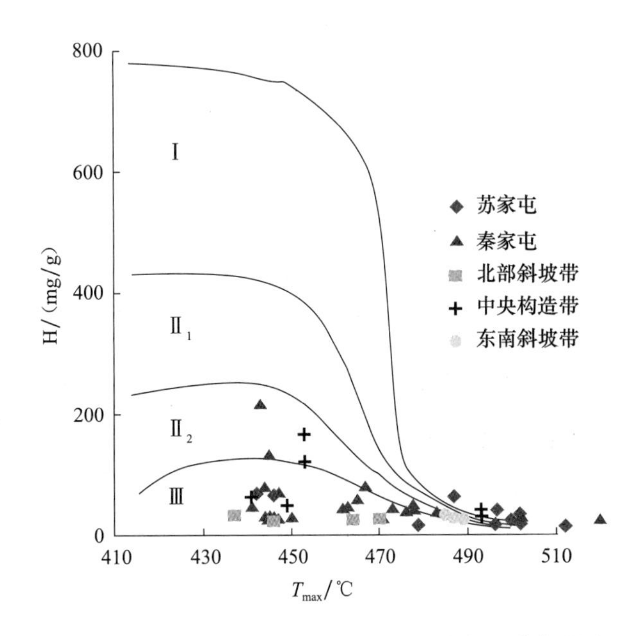


图 2-2 梨树断陷沙河子组岩石热解划分有机质类型图

嫩二段泥页岩有机质类型以Ⅱ$_1$型、Ⅱ$_2$型为主，兼有Ⅰ型和少量Ⅲ型干酪根；嫩一段泥页岩有机质类型好，主体以Ⅰ型为主，兼有少量Ⅱ$_1$型、Ⅱ$_2$型有机质；青一段泥页岩有机质类型从Ⅰ型到Ⅲ型均有分布，受沉积相控制，各类有机质类型在空间上呈现一定的规律性变化，拗陷中心区域腰英台、黑帝庙及乾安、大安地区泥页岩地区有机质类型为Ⅰ型和Ⅱ$_1$型、正兰—黑帝庙—腰英台南有机质类型为Ⅱ$_1$型和Ⅱ$_2$型、正兰南—黑帝庙南—东岭有机质类型为Ⅲ型。

### （二）有机碳含量及其变化

1. 松辽盆地北部

青一段泥页岩在朝阳沟地区有机碳含量最高，有机碳含量（TOC）平均为3.76%，其次为长垣和王府，TOC平均为3.15%，黑鱼泡凹陷最低，TOC平均为2.05%。

青一段暗色泥页岩整体为高丰度泥页岩，在主力凹陷区内TOC一般均大于2%，相对高的TOC含量在三肇北部到长垣南部出现一个高值带，沿朝长阶地为另一个高值带，在这两个高值带TOC一般大于3%，而在古龙和三肇凹陷南部则TOC小于3%，在滨北地区TOC一般在2%以下。

2. 松辽盆地南部

梨树断陷营一段Ⅱ泥组泥页岩TOC实测分布范围为0.06%～5.03%，平均值为1.062%，氯仿沥青“*A*”含量平均值为0.33%，热解“$S_1$”含量平均为0.07mg/g；营一段Ⅰ泥组泥页岩TOC实测分布范围为0.26%～12.01%，平均值1.96%，氯仿沥青“*A*”含量平均值为0.19%，热解“$S_1$”含量平均为0.13mg/g；沙二段泥页岩TOC实测分布范围为0.11%～8.2%，平均值为1.45%，氯仿沥青“*A*”含量平均值为0.404%，热解“$S_1$”含量平均为0.17mg/g。氯仿沥青“*A*”含量及热解“$S_1$”含量较有机碳反应的生烃潜力低，这可能主要是梨树断陷热演化成熟度普遍较高造成的。

营一段Ⅱ泥组TOC主要分布在0.5%～2.3%，TOC大于1.0%的区域主要分布在桑树台洼陷、苏家屯次洼和双龙次洼局部地区，其余地区多在1.0%以下；营一段Ⅰ泥组有效泥页岩（TOC>0.5%）分布范围有所扩大，大于1.0%的区域有所增大，桑树台深洼区和苏家屯次洼中心区TOC达到2.0%以上，七棵树和秦家屯局部地区TOC达到1.0%以上；沙二段有效泥页岩分布范围更大，基本全区TOC大于0.5%，TOC大于2.0%的区域主要分布在桑树台深洼区、双龙次洼中心区及七棵树地区，TOC为1.0%～2.0%的区域分布在桑树台洼陷大部、苏家屯次洼西南、太平庄、七棵树及河山井区附近，此外，双龙次洼绝大多数地区TOC达到1.0%以上。

长岭地区嫩一段、嫩二段、青一段三套泥页岩的TOC总体较高，绝大多数样品的实测TOC均在0.5%以上，达到有效泥页岩的标准。嫩二段88个泥页岩样品中有81.8%的样品TOC达到1.0%以上，其中56.8%的样品TOC为1.0%～2.0%，其余样品的TOC大于2.0%，为较优质泥页岩；嫩一段133个泥页岩样品中有98.5%的样品实测TOC大于1.0%，其中大于70%的样品TOC大于2.0%，为优质泥页岩，还有21%的样品TOC大于4.0%，为极好泥页岩；青一段26个泥页岩样品中有34.6%的样品TOC为0.5%～1.0%，为一般泥页岩，另外有53.85%样品的TOC为1.0%～2.0%，其余11.5%的样品TOC大于2.0%，为优质泥页岩。总体看来，嫩一段泥页岩有机质丰度最高，嫩二段及青一段泥页岩达到一般-较好泥页岩的标准。

嫩二段富有机质泥页岩的TOC主要分布在1.0%～2.2%，总体呈现从西南向东北逐渐增大的趋势，拗陷中心部位乾安—大安一带泥页岩 TOC 较高，大于 2.0%，其他地区泥页岩 TOC 多为 1.0%～2.0%，有机质丰度中等；嫩一段泥页岩有机质丰度较高，几乎全区范围内都大于 2.5%，为优质泥页岩，在长岭、黑帝庙、乾安—大安一带 TOC 更高，大于 4.0%，为极好泥页岩；青一段顶部泥页岩 TOC 主体位于 0.8%～3.0%，总体呈现东高西低、北高南低的分布格局，乾安、大安、农安及松原地区泥页岩 TOC 均大于 2.0%，生烃潜力较高。

（三）有机质成熟度

1. 松辽盆地北部

青一段泥页岩的 $R_o$ 为 0.4%～1.3%，处于未熟到成熟演化阶段，总体上随深度的增加 $R_o$ 逐渐增大，$R_o$ 为 0.7%时对应的深度在 1500m 左右，$R_o$ 为 1.0%时对应的深度为 2000m。泥岩埋深大于 2250m 时，处于湿气阶段（$R_o$>1.3%），以生气为主。

青一段泥页岩的 $R_o$ 为 0.4%～1.3%，其成熟区（$R_o$>0.7%）范围主要分布在齐家-古龙凹陷、三肇凹陷、黑鱼泡凹陷、长垣南及王府凹陷，而其他地区均处于未成熟-低成熟阶段，$R_o$ 大于 0.8%的泥页岩分布与 $R_o$ 大于 0.7%的泥页岩分布基本相似，只是范围略有增加。

与青一段热演化程度相比，嫩江组的演化程度较低。嫩一段和嫩二段热演化程度 $R_o$ 为 0.4%～0.8%。

嫩一段和嫩二段 $R_o$ 小于 1.3%，尚未进入湿气阶段，嫩一段泥页岩热 $R_o$ 为 0.7%～0.8%的分布区域较大，主要分布在松辽盆地北部齐家-古龙地区，其次为三肇地区。嫩二段 $R_o$ 为 0.7%～0.8%的分布区域较小，主要分布于松辽盆地北部齐家-古龙地区。松辽盆地北部嫩一段和嫩二段，除齐家-古龙地区达到低成熟外，松辽盆地北部其他绝大部分地区泥页岩的有机质成熟度处于未成熟阶段。

2. 松辽盆地南部

营一段泥页岩成熟度较高，$R_o$ 为 1.7%～2.3%，进入大量生气阶段，这种成熟度特征与苏家屯次洼内分布的油气特征较为一致。东南斜坡带秦家屯地区，河山 1 井、河山 2 井泥页岩 $R_o$ 相对较低，主要分布在 0.65%～0.9%，以生油为主。

营一段有效泥页岩分布范围内，$R_o$ 主要分布在 0.5%～2.0%，其中，$R_o$ 大于 1.3%的区域主要分布在桑树台洼陷、八屋、十屋及苏家屯次洼西南部苏 2 井附近，已进入高成熟-过成熟演化阶段，以生气为主；而斜坡部位、苏家屯次洼大部和双龙次洼泥页岩 $R_o$ 多为 0.5%～1.3%，以生油为主。沙河子上部泥页岩 $R_o$ 分布延续了营一段的分布趋势，只是进入生烃门限和生气门限范围内的分布范围有所扩大，研究区有效泥页岩分布范围内的泥页岩 $R_o$ 基本均在 0.5%以上，$R_o$ 大于 1.3%的区域除营一段分布范围外，七棵树地区 SW8 井区附近泥页岩进入 $R_o$ 大于 1.3%的范围，进入生气阶段；斜坡部位、双龙次洼及苏家屯次洼大部泥页岩 $R_o$ 主要分布在 0.5%～1.3%，以生油为主。

嫩一段、嫩二段泥页岩的实测 $R_o$ 值为0.6%～0.8%，已进入低成熟演化阶段；青一段泥页岩实测 $R_o$ 值为0.8%～0.92%，进入成熟演化阶段。嫩二段泥页岩成熟度总体较低，腰英台、所图、黑帝庙及大安一带泥页岩成熟度相对较高，超过0.7%；嫩一段泥页岩的成熟度分布与嫩二段类似，只是进入生烃门限的范围有所扩大，$R_o$ 大于0.7%的区域也有所扩大，主要集中在长岭以北、乾安以南及大安地区；青一段顶部泥页岩成熟度范围进一步扩大，西南部正兰、东部孤家店及松原一带进入成熟区域，$R_o$ 大于0.7%的区域进一步扩大，主要集中在长岭以北、嫩江以南、SN191井以东、松原以西地区，腰英台、乾安地区泥页岩 $R_o$ 最大演化至0.9%以上，进入生油高峰阶段。

## 三、页岩储层特征

### （一）松辽盆地北部

#### 1. 岩矿特征

通过齐平1井X射线衍射-岩石矿物含量实测结果，青一段钙质含量为1%～16.2%，长英质成分（脆性矿物）为37%～68.3%，黏土矿物为7.5%～15.5%。其中，粉砂质泥岩类的矿物组成：钙质含量一般为15%～25%，长英质成分一般为55%～70%，黏土矿物一般小于20%；泥岩类的矿物组成：钙质含量一般小于10%，长英质成分一般为50%～60%，黏土矿物一般为15%～50%。松辽盆地北部青一段泥页岩脆性矿物含量较高。

#### 2. 岩石类型

青一段、嫩一段和嫩二段层段，主要表现为大套厚层泥页岩、厚层泥页岩与薄层砂质岩石的岩性组合特征。在泥页岩层内还发育钙质、砂质条带和介形虫层。储层岩石类型主要为灰色-灰白色粉砂岩、细砂岩、中粒砂岩，灰色-灰黑色粉砂质泥页岩、泥质粉砂岩，黑色泥页岩等。

沙河子组泥页岩岩石类型主要为暗色泥页岩、含碳质泥页岩、细砂岩、砂砾岩、粉砂岩、粉砂质泥页岩、泥质粉砂岩；勃利盆地穆棱组泥页岩岩石类型主要为暗色泥页岩、碳质泥页岩、细砂岩、砂砾岩、粉砂岩、粉砂质泥页岩、泥质粉砂岩，夹煤线；虎林盆地虎一段泥页岩岩石类型主要为暗色泥页岩、碳质泥页岩、细砂岩、砂砾岩、粉砂岩、粉砂质泥页岩、泥质粉砂岩，夹煤线。

#### 3. 物性特征

1）孔隙度、渗透率

青一段泥页岩孔隙度为2.84%～5.25%，平均为4.43%，渗透率为0.000136～0.80524mD[①]，平均值为0.0918mD。嫩一段泥页岩孔隙度为3.65%，泥页岩渗透率为

① $1mD=0.986923\times10^{-15}m^2$，毫达西。

0.01573mD，属特低孔特低渗性储层。嫩二段泥页岩孔隙度为3.67%～5.15%，平均为4.36%；泥页岩渗透率为0.00054～0.006515mD，平均为0.00307mD，属特低孔特低渗性储层。

2）储层的主要孔隙类型

青一段和嫩一段、嫩二段的储集层岩石类型相同，均为灰色-灰白色粉砂岩、细砂岩、中粒砂岩，灰色-灰黑色粉砂质泥岩、泥质粉砂岩，黑色泥页岩等，储层孔渗特征均属特低孔特低渗储层。

沙河子组、穆棱组、虎林组的泥页岩储层主要为中厚层泥页岩与薄层细砂岩、粉砂岩以及煤系的组合。泥页岩包括暗色泥页岩、（含）碳质泥页岩、含煤泥页岩等。储层孔隙类型相对复杂。

### （二）松辽盆地南部

1. 矿物组成特征

1）梨树断陷

营一段泥页岩黏土矿物含量为39.6%～65.8%，脆性矿物含量相对较高，为32.1%～50.5%，平均为43.3%。其中，河山1井2483m泥页岩样品的脆性矿物含量最高，达50.5%，苏家屯地区梨2井脆性矿物含量平均为43.7%，岩石可压性较好。

沙二段泥页岩脆性矿物含量为19.2%～60%，平均为38.6%。其中，SW332井2989.3m泥页岩脆性矿物含量最高，达60%，梨2井脆性矿物含量为30%～35%，苏家屯地区脆性矿物含量平均为43%，可压性较好。

2）长岭地区

从腰南5井嫩一段3个泥页岩样品的矿物组成来看，泥页岩均以黏土矿物为主，黏土矿物含量为45%～55%，其次为石英，石英矿物含量为30%左右，长石含量一般为10%～12%，方解石含量为2%～10%，另外含少量菱铁矿、黄铁矿及重晶石。腰南4井青一段两个泥页岩样品的黏土矿物含量高，分别为49.2%和61.5%，其次为石英含量，为20%～30%，斜长石含量为15%～20%，其余矿物含量较少；而仙1井青一段两个泥页岩样品的矿物含量组成与腰南4井差别较大，黏土矿物含量相对较低，分别为23.4%和43.8%，石英含量相对较低，为10%～15%，另外一种硅酸盐矿物——方沸石矿物含量为10%～15%，斜长石和碳酸盐矿物含量较高，均为10%～25%，其次为黄铁矿，含量一般为5%～10%。综合看来，嫩一段及青一段泥页岩脆性矿物含量均较高，都在35%以上，岩石可压裂改造性较好。

2. 岩石类型

根据梨树断陷典型井（苏2井、梨2井、河山1井、SN80井等）营一段、沙二段泥页岩的测井响应特征，结合岩心观察及矿物成分特征，初步将梨树断陷泥页岩划分为6种岩石类型，分别为纹层状页岩、层状硅质泥页岩、层状灰质泥页岩、层状泥页岩、块状泥页岩和碳质泥岩。

根据长岭地区典型井（腰南 5 井、仙 1 井、仙 2 井、腰中 302 井等）嫩一段、嫩二段、青一段富有机质泥页岩段的测井响应特征，结合岩心观察及矿物成分特征，初步将长岭地区泥页岩划分为 5 种岩石类型，分别为纹层状油页岩、纹层状灰质泥岩、层状-纹层状泥岩、块状-层状灰质泥岩和块状泥页岩。

3. 物性特征

1）梨树断陷

苏 2 井营一段泥页岩孔隙度为 0.89%～5.8%，平均值为 3.52%，稍低于泌阳凹陷泌页 HF1 井 4.2%的平均孔隙度；3 个样品测得了渗透率数据，最高为 1.54mD，其他两个样品的渗透率较低，分别为 0.0141mD 和 0.00116mD，具有相对较好的孔渗储集性能。

营一段泥页岩层间裂缝发育，且多被高等植物残体充填，黏土矿物顺层发育，高等植物残片多被碳化，内部微孔隙发育良好，炭屑内还发育超微孔隙，炭化孢子囊中内部微孔隙和气孔发育良好。此外，还在石英脉中常见块状沥青充填石英粒间孔隙，沥青颗粒间还残余有微孔隙发育，总体上，具备较好的油气储集空间。

2）长岭地区

嫩二段 3 个泥页岩样品的孔隙度较高，为 8.08%～10.91%，平均值为 9.52%，渗透率较低，平均值为 0.000768mD；嫩一段 12 个泥页岩样品中 4 个样品的孔隙度大于 4%，其余 8 个样品的孔隙度均小于 1%，主要为 0.1%～0.5%，平均值为 0.38%，两个样品的渗透率分别为 0.00237mD 和 0.00427mD。

腰南 5 井嫩一段和嫩二段泥页岩层间缝、微裂隙、粒间孔、粒内微孔、有机质残屑内孔等均较发育，连通性好，为页岩油气形成聚集提供了良好条件。

## 四、页岩含气（油）特征

### （一）松辽盆地北部

1. 钻、测、录、试井

1）青一段页岩层段的气测显示

（1）青一段源岩层系内已获工业油气流井、低产油气流井。

据不完全试油资料统计和老井复查结果，在青一段已有英 12 井、英 18 井、英 29 井、哈 18 井、哈 16 井、龙 20 井和古 105 井 7 口井获工业油气流；哈 14 井、英 112 井、台 2 井、古 535 井、古平 1 井等 16 口井获低产油气流。

（2）青一段钻探过程中的气侵现象。

钻探结果和试油结果均证实，钻探过程中在钻至青一段时经常发生气侵现象，目前已在青一段源岩层系内钻遇多口工业油气流井。

（3）青一段源岩层系的气测显示、气测异常。

目前已发现英 272 井、英 112 井等 143 口井见气显示。此外，英 2 井、英 72 井、英 21 井、龙 22 井等探井，在青一段页岩层段内，普遍具有较好的录井气测异常显示。

2）嫩一段源岩层系的气测显示

在嫩一段源岩层系内，工业油气流井较少，仅发现浅东 4 井获得工业气流。但嫩一段的气测显示、气测异常普遍，如英 24 井、英 13 井、英 72 井、英 21 井、齐平 1 井等探井，在嫩一段页岩层段内，普遍具有较好的录井气测异常显示。

3）嫩二段页岩层段的气测显示

（1）嫩二段源岩层系的工业油气流井。

老井复查发现，古 605 井、大 407 井、英 16 井、杏浅 3 井、杏浅 5 井、杏浅 6 井、杏浅 7 井、杏浅 11 井、杏浅 15 井、杏浅 18 井等探井，在嫩二段源岩层系内，均获得了不同产量的工业油气流。其中，“杏”字号井主要为生物成因的页岩油气。

（2）嫩二段源岩层系的油气显示、气测异常。

根据老井复查和钻井资料、试油试气资料统计，大 47 井、古 49 井、英 13 井、英 14 井、英 21 井、英 72 井、齐浅 2 井、浅东 4 井等探井，在嫩二段页岩层段内，普遍具有较好的录井气测异常显示。

4）沙河子组页岩层段的气测显示

同一个层系的暗色泥岩，含气量均明显随埋藏的增大而增加。例如，芳深 2 井沙河子组暗色泥岩的吸附气含量，当压力由 0.32MPa 逐渐增加到 10.89MPa 时，吸附气含量由 $0.636m^3/t$ 增加到 $3.144m^3/t$；肇深 3 井沙河子组暗色泥岩的吸附气含量，当压力由 0.34MPa 逐渐增加到 10.58MPa 时，吸附气含量由 $0.440m^3/t$ 增加到 $2.570m^3/t$。泥岩含气量随埋深增加呈正相关关系，泥岩层系埋深越大，热演化程度越高。

通过老井复查，徐家围子断陷深层探井在沙河子组源岩层系内具有较好的气测异常显示，尤其是泥页岩所夹的砂质岩薄层，气测异常更为发育，说明沙河子组泥页岩为含气泥页岩。

2. 等温吸附

从青一段、嫩一段、嫩二段、沙河子组、穆棱组、虎一段泥页岩的等温吸附实验结果（图 2-3、图 2-4）可以看出，含气量与压力和温度关系密切。

3. 影响因素

对同一个层系的暗色泥岩，含气量均明显随埋藏的增大而增加，即泥页岩的含气量与有机质热演化程度密切相关。

暗色泥岩 TOC 与含气量具有明显的正相关关系（图 2-5）。

### （二）松辽盆地南部

1. 钻、测、录、试井

苏 2 井是为进一步探索苏家屯深洼带而部署的一口探井，该井录井于登娄库组—沙

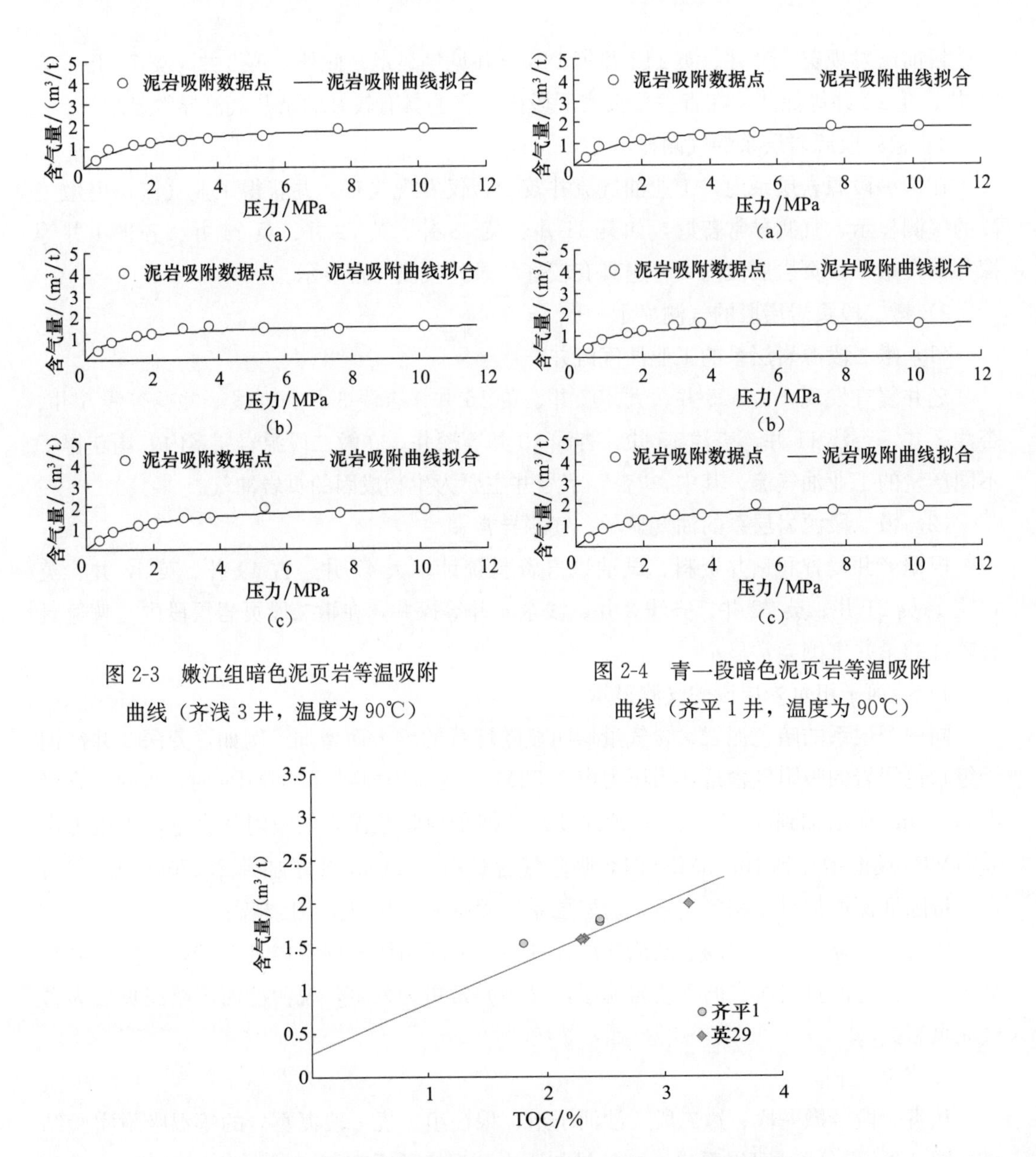


图 2-3 嫩江组暗色泥页岩等温吸附曲线（齐浅 3 井，温度为 90℃）

图 2-4 青一段暗色泥页岩等温吸附曲线（齐平 1 井，温度为 90℃）

图 2-5 松辽盆地青山口组一段吸附气含量与 TOC 关系图

河子组，见含气油迹显示 99.71m/32 层，其中油迹 36.82m/11 层、含气 57.89m/20 层、含气 40.89m/12 层。营一段 3156～3161.17m 井段气测全烃 100%、甲烷 89.397%；3259～3265m 井段气测全烃 25.514%、甲烷 18.327%；3069～3074m 井段气测全烃 10.065%、甲烷 5.036%。除苏 2 井外，梨树断陷多口探井的泥页岩中均发现了气测异常和气显活跃，显示了泥页岩油气的良好潜力。

中央构造带的 SN163 井在沙河子组的暗色泥岩段钻遇高气测异常，全烃值高达 26%，测井解释为差气层，测试获少量工业气流；SN205 井发育厚层碳质泥岩，气测全烃值最高为1%。

苏家屯次洼的十屋30井、十屋33X井和梨2井沙河子组及营一段暗色泥岩发育，厚度超过350m，各井泥页岩层段均钻遇高气测显示，梨2井全烃最高为53.292%，甲烷最高为33.297%；SW333井全烃最高为7.57%，甲烷最高为4.784%；SW30井全烃最高为5.07%，甲烷最高为3.888%；SW332井全烃最高为81.767%，甲烷最高为52.323%；SW33X井全烃最高为36.949%，甲烷最高为17.648%；SW335井全烃最高为0.057%，甲烷最高为0.005%。

北部斜坡带的梨3井、十屋37井、十屋202井和梨5井营一段暗色泥岩发育，薄层砂岩条带中均钻遇高气测显示，其中梨5井最高气测值达80%。

位于东南斜坡带的秦家屯次洼亦多口井钻遇气测显示。河山1井在沙河子组钻遇三套高气测显示泥岩段，最高气测值达84%，并对2711.0～2730.5m井段进行试油，最高日产油7.67$m^3$。

2. 现场解吸

苏2井在钻进的过程中，做了8个样品的现场解吸测试，获得了解吸气量和残余气量数据，并对损失气量进行了恢复，得到8个样品的总含气量数据，含气量范围为0.77～4.64$m^3/t$，平均为2.5$m^3/t$（表2-1）。

**表2-1 苏2井营一段8个样品实测与计算含气量**

| 样号 | 样品深度/m | 解吸气量/($m^3/t$) | 损失气量/($m^3/t$) | 残留气量/($m^3/t$) | 总含气量/($m^3/t$) | 实测TOC/% |
|---|---|---|---|---|---|---|
| 1 | 3304.65～3304.85 | 0.57 | 2.37 | 1.14 | 4.08 | 1.70 |
| 2 | 3308.96～3309.16 | 0.51 | 1.61 | 1.53 | 3.65 | 1.21 |
| 3 | 3312.06～3312.28 | 0.18 | 0.62 | 0.36 | 1.16 | 0.69 |
| 4 | 3314.09～314.27 | 0.14 | 0.58 | 0.28 | 1.00 | 0.54 |
| 5 | 3319.02～3319.23 | 0.13 | 0.51 | 0.26 | 0.77 | 0.36 |
| 6 | 3322.72～3322.97 | 0.26 | 0.79 | 0.52 | 1.57 | 0.83 |
| 7 | 3326.31～3326.51 | 0.5 | 1.64 | 1.00 | 3.14 | 1.29 |
| 8 | 3329.45～3329.66 | 0.77 | 2.33 | 1.54 | 4.64 | 1.46 |

本次对8个样品的含气量和实测TOC数据建立了线型关系，含气量与TOC之间呈良好的正相关关系，相关系数达到0.9以上。可基于苏2井建立的相关关系模型和TOC数据来推算梨树断陷其他钻井的含气量数据。

3. 影响因素与变化规律

影响页岩气含量最主要的因素为有机碳含量，苏2井现场解吸含气量与实测TOC关系密切，随TOC的增大而增大，呈良好的正相关关系。三套泥页岩的含气量平面分布应该与TOC分布趋势一致。梨树断陷中TOC高值区主要分布于桑树台洼陷、苏家屯次洼，而且两区沙河子组和营城组埋深较大，普遍进入中成熟至高成熟阶段，因此两区的含气量应该最大。从桑树台洼陷向东，泥页岩 TOC 逐渐减小，中央斜坡、东南斜坡和北部斜坡带含气量较桑树台洼陷小。

## 第二节　渤海湾盆地

### 一、含气（油）页岩分布特征

#### （一）中新元古界

建昌地区中新元古界存在三套海相泥岩（下马岭组、铁岭组、洪水庄组），其中，韩 1 井、杨 1 井揭示的主要源岩为洪水庄组。洪水庄组沉积稳定，以灰黑色页岩为主，是该组与其他组划分和对比的标志层。区内出露地层呈北东向展布，凌源老庄户—宽城一带最厚，达 184m，沿此带向四周减薄。建昌老达杖子、韩 1 井、杨 1 井和冰沟分别厚 114.4m、98m、113m 和 45.9m，喀左辘轳井厚 90m。

#### （二）上古生界

本溪组—山西组泥页岩发育，其中本溪组在盆地内主要分布在辽河拗陷一带，其他部分次级构造也有局部发育，但整体残留厚度较小。太原组和山西组广泛分布，残留厚度较大，暗色有机质泥岩发育，是盆地内上古生界主要生油层系。太原组暗色泥岩厚度具有从北向南变小的趋势，在华北油气区沉积厚度较大，一般大于 100m，大港油气区一般为 60～100m，而向南到中原油气区一般为 40～80m。山西组暗色泥岩厚度总体上相对于太原组小，厚度相对较大的地区除华北油气区外，中原油气区的沉积厚度相对较大，一般为 50～80m，而大港油气区的沉积厚度相对较小，一般为 10～40m。

1. 济阳拗陷

隆起部位基本没有石炭系—二叠系地层保存，而在一些次级洼地中保存了部分石炭系—二叠系地层，且埋藏较深。上古生界泥页岩包括两大类，即煤系泥页岩和泥质泥页岩。对泥质泥页岩而言，车镇凹陷厚度平均为 105.6m，最大为 215.5m，最小为 6m；惠民凹陷泥岩厚度平均为 25.22m，最大为 555.5m，最小为 168m；沾化凹陷泥岩厚度平均为 138.7m，最大为 336.5m，最小为 26.2m；东营凹陷揭穿石炭系—二叠系地层的钻井仅收集到通 11 井和纯古 1 井的录井资料，泥岩平均厚度为 128m。暗色泥岩厚度最大的分布区在惠民凹陷。

2. 临清拗陷

在中新生代凹陷区的泥页岩保存较完整。暗色泥岩厚度为 140～400m，自北向南厚度增大，临清东部厚度为 150～160m，东濮凹陷北部、元村凹陷厚度为 200～250m，东濮凹陷南部厚度为 250～300m。

太原组—本溪组发育暗色泥岩、煤层、生物灰岩。其中深灰色泥岩、碳质泥岩厚度一般为60～110m；煤层厚度一般为8.0～15.5m，临清地区北部北堂邑—康庄地区较薄，为4.0～6.0m；生物灰岩厚度为8.5～22.5m。山西组发育暗色泥岩和煤层。暗色泥岩包括深灰色—灰黑色泥岩和碳质泥岩，厚度为40～80m，平面上变化不大；煤岩厚度为7.5～17.5m，文留—毛岗地区较薄，为2.5～4.0m。

3. 冀中拗陷

暗色泥岩主要分布在拗陷东北部边缘大厂凹陷—武清凹陷—大城凸起一带，南部深县凹陷有零星分布。

东北部暗色泥岩多为灰黑色、深灰色或灰色的有利泥页岩，呈中间厚两边薄的分布特征，厚度中心位于杨5井—胜1井区、文23井—苏3井区、文33井东井区。其中杨5井—胜1井区暗色泥岩厚度可达200m，南部深县凹陷最大厚度达到180m，其余地区厚度多大于50m。

北部地区还发育一套碳质泥岩，最大厚度大于40m。全区有3个厚度大于40m的高值区，分别为杨5井—杨6井区、葛2井—葛5井区和苏26井—文14井区。其中苏26井—文14井区文14井厚度最大达72m，全区大部分地区厚度为10～40m，厚度大的碳质泥岩主要集中在文安-杨村斜坡，大城凸起处较薄（<20m）。厚度大于20m的碳质泥岩面积达4627km$^2$，多处于斜坡地带。

4. 黄骅拗陷

泥页岩具有厚度大（碳质泥岩厚度为60～100m，暗色泥岩厚度为100～140m）、分布范围广、有机质丰度高（碳质泥岩的有机碳含量一般为5%～20%，暗色泥岩的有机碳含量为1%～2%）等特征，是成烃的良好源岩，主要分布在太原组、山西组及下石盒子组下部。

5. 辽河拗陷

太原组泥页岩分布在平面上受古构造地形影响，呈现西厚东薄、中间厚、南北边部薄的特征，富有机质泥页厚度最大为95m，最小为23m，平均为47m，平面上形成了王家南部中心，以乐古2井北部为次中心的两个泥岩发育区，厚度为50～95m，其他区域泥页岩厚度为20～40m；山西组富有机质泥页岩厚度最大为83m，平均为41m，以王家东南部为沉积厚度中心，预测最大厚度超过100m。

（三）中生界

中生界泥页岩研究程度相对较低，资料较少。从中生界沉积相及岩性来看，白垩系以河湖相为主，泥页岩为暗色泥岩，侏罗系以沼泽相的煤系地层为主。

中生界暗色泥岩虽然厚度较大，但有效泥页岩厚度较小，分割性较强，各地区泥页岩分布差异较大，东南部主要发育中下侏罗统泥页岩，北部、西部主要发育早白垩统泥页岩。其中，东濮凹陷基本剥蚀殆尽，冀中拗陷仅呈零星分布，有效泥页岩一般分布在周边地区，厚度为50～150m。济阳拗陷暗色泥岩、碳质泥岩和煤层均较薄，具有较强的非均质性，一般不到地层厚度的 20%，单井解剖桩 11 井有效泥页岩厚度约为 100m，主要分布于南皮、岐口—板桥一带，是中生界有效泥页岩的主要分布层段，有效泥页岩一般厚 50～100m。临清拗陷有效泥页岩厚度较大，几个凹陷区中心有效厚度均在 300m 以上，邱县凹陷有效泥页岩厚度最厚，在 500m 以上。冀中拗陷有效泥页岩主要分布在白垩系，存在于零星分布的几个凹陷中，厚度为 100～300m。辽河凹陷大部分地区有效泥页岩主要发育于下白垩统，厚度为 100～300m，不同地区呈环状分布。

（四）古近系

新生界泥页岩为湖相暗色泥岩，孔店组、沙河街组和东营组均有泥页岩发育，但时空展布存在差异。始新世发生三次较大规模的湖平面上升，形成了最大湖泛期的孔二段、沙四段上部和沙三段、沙一段为主力的生烃层位。其中沙三段沉积时水域面积最大、泥页岩厚度大、分布范围广；沙四段泥页岩主要分布在济阳拗陷、下辽河拗陷和临清东濮凹陷；孔二段分布较局限，主要分布于黄骅拗陷南部和临清拗陷。

## 二、页岩有机地化特征

（一）有机质类型

1. 元古界

由干酪根碳同位素和饱和烃＋芳烃关系图（图 2-6）可以看出：中—新元古界各组段源岩有机质类型为Ⅰ-Ⅱ$_1$ 型。中—新元古界源岩的沥青“A”族组成总体上具有高饱和烃、高非烃、低芳烃的特征。饱和烃含量为 30%～60%，芳烃含量多小于 30%。其中，凌源龙潭沟泥晶灰岩样品，饱和烃高达 70.51%，非烃为 21.5%，芳烃为 7.39%，沥青质为 0.6%。由沥青“A”族组成三角图（图 2-7）可见，源岩的族组成特征与油苗的族组成特征很接近，与石炭系、二叠系及侏罗系煤系地层的饱和烃含量小于 18%区别十分显著，反映中—新元古界的源岩有机质类型多属于Ⅰ-Ⅱ$_1$ 型，少数为Ⅱ$_2$ 型。

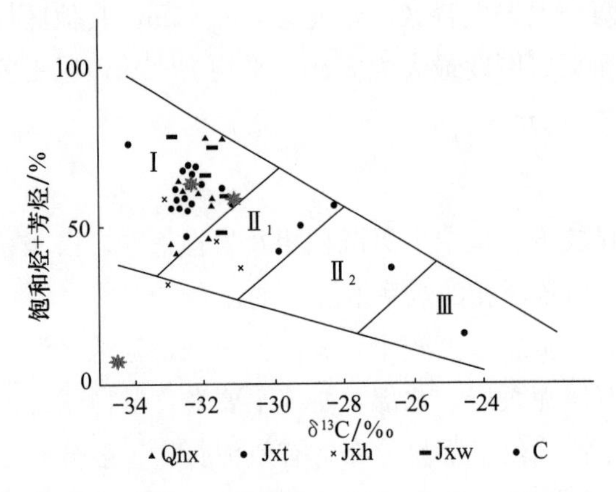


图 2-6 生油岩饱和烃＋芳烃与 $\delta^{13}C$ 关系图

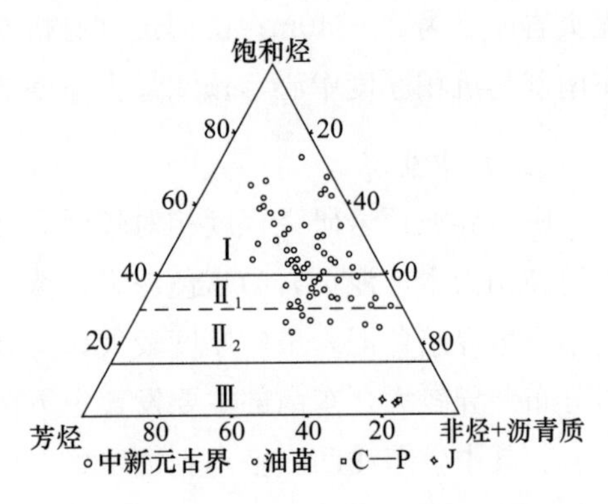


图 2-7 沥青“A”族组成三角图

2. 上古生界

石炭系—二叠系煤中富含有机质，有机显微组分占全岩体积的60%以上；碳质泥岩中有机显微组分可占10%以上，暗色泥岩和杂色泥岩有机质相对较少，一般在6%以下，有机质类型以Ⅱ$_2$-Ⅲ型为主。

3. 古近系

1）济阳拗陷

沙一段岩性是一套咸水-半咸水湖相沉积。泥页岩有机显微组分主要源于湖相浮游生物，有机质类型以Ⅰ-Ⅱ$_1$型为主。沙三段下亚段是一套微咸水-淡水湖相沉积。浮游生物极为繁盛，种类和丰度均相对较高。泥页岩中经常可见到沟鞭藻类、疑源类以及介形类和鱼的生物遗体顺层分布，有机质类型以Ⅰ-Ⅱ$_1$型为主。沙四段上亚段是一套咸水-半咸水湖相沉积。泥页岩以东营凹陷最为发育。沙三段下亚段、沙四段上亚段泥页岩有机质的主要来源为低等水生生物，两套泥页岩有机显微组分中以藻类体为主，主要包括层状藻、颗石藻及渤海藻等，以腐泥组为主，有机质类型较好，主要为Ⅰ-Ⅱ$_1$型。

镜下观察表明（图2-8），济阳拗陷沙四段上亚段、沙三段下亚段和沙一段泥页岩有

图2-8 济阳拗陷不同层系泥页岩镜下鉴定类型判识图

(a) 沙四段上亚段，岩性组合以灰褐色钙质页岩、泥岩为主，富含藻类生物化石，是一套咸水-半咸水湖相沉积，Ⅰ-Ⅱ$_1$型；(b) 沙三段下亚段，岩性为深灰色泥岩与灰褐色油页岩不等厚互层，夹少量灰色灰岩及白云岩，是一套微咸水-淡水湖相沉积，Ⅰ-Ⅱ$_1$型；(c) 沙一段，岩性主要为灰色、深灰色泥岩，油页岩夹白云岩、生物灰岩、泥灰岩，是一套咸水-半咸水湖相沉积，Ⅰ-Ⅱ$_1$型；(d) 沙三段中亚段，岩性以灰色、深灰色巨厚块状泥岩为主，是一套淡水湖相沉积，Ⅰ-Ⅱ$_2$型

机质均以Ⅰ型和$Ⅱ_1$型为主，富含藻类化石，是类型很好的湖相泥页岩，沙三段中亚段泥页岩有机质类型相对较差，主要为Ⅰ-$Ⅱ_2$型。

2）冀中拗陷

孔店组大部分地区孔店组泥岩有机质类型以Ⅲ型为主，饶阳和晋县相对较好，主要为Ⅱ-Ⅲ型。沙四段泥页岩廊固凹陷、霸县凹陷干酪根类型以$Ⅱ_2$-Ⅲ型为主。沙三段、沙一段泥页岩干酪根类型主要为$Ⅱ_2$-$Ⅱ_1$型。

3）黄骅拗陷

孔店南区孔二段干酪根类型为Ⅰ型（偏腐泥型），沙三段为$Ⅱ_1$型。在歧口凹陷除沙三段为Ⅰ型外，其余层系干酪根类型均属$Ⅱ_1$型；而板桥凹陷内沙二段、沙一段干酪根类型为$Ⅱ_2$型，沙三段属Ⅲ型（偏腐殖型），北塘凹陷，各层系干酪根类型均属$Ⅱ_2$-Ⅲ型。

4）辽河拗陷

西部凹陷：沙三段泥页岩干酪根类型以$Ⅱ_2$-Ⅲ型为主。沙四段泥页岩干酪根类型以$Ⅱ_1$型主。

东部凹陷：沙三段泥页岩Ⅰ型干酪根占5.6%，$Ⅱ_1$型干酪根占19.6%，$Ⅱ_2$型干酪根占28.4%，Ⅲ型干酪根占46.3%，沙三段泥页岩干酪根绝大部分为腐殖型干酪根。岩石热解资料划分有机质类型显示，沙三段泥页岩仍然以$Ⅱ_2$-Ⅲ型干酪根为主，含少量$Ⅱ_1$型干酪根。

### （二）有机碳含量及其变化

#### 1. 元古界

洪水庄组为好-较好的生油岩。洪水庄组页岩TOC平均为1.41%，最高值可达6.22%。主体以TOC大于1.0%的好生油岩为主，占40%。氯仿沥青“A”含量为0.0001%～0.0624%，全区11块样品平均为0.0140%。生烃潜量为0.02～3.61mg/g，22块样品平均值为0.56mg/g。洪水庄组页岩在平面上变化较大，有机质丰度值在平泉和辘轳井地区较低，在马头山和瓦房子地区有机质丰度值较高，为好生油岩分布区。尽管遭受了不同程度的地表风化作用，但部分样品仍显示较高的有机质丰度。

#### 2. 上古生界

太原组煤系泥页岩有机质丰度最高，其次为山西组，石炭系本溪组泥岩有机质丰度一般低于太原组和山西组，但高于其他层系泥页岩。

山西组暗色泥岩TOC为0.1%～4.2%，主要分布在1.5%～2.0%，其生烃潜量差异大，为0.02～4.12mg/g，各地区平均值不高于1.50mg/g，整体应属于差-中等泥页岩。山西组暗色泥岩的有机碳含量分布规律性较明显，整体呈西好东差，但其数值差距较小，最大值位于冀南地区巨鹿一带，大于3%，而东部济阳地区相对较小，其TOC大多小于2%。太原组暗色泥岩TOC为0.1%～5.3%，主要分布在2.0%～2.5%，整体好于山西组，其生烃潜量差异性更大，为0.02～9.96mg/g，整体为一套中等泥页岩。

太原组暗色泥岩的有机碳含量整体呈西高东低的特征，最大值位于冀中拗陷，大于5%，在东部济阳地区普遍较小，泥页岩的质量相对较差。本溪组暗色泥岩的TOC为0.1%～4.2%，各地区平均值一般不高于1.5%，低于太原组和山西组，其生烃潜量为0.02～4.35mg/g，低于太原组，与山西组相当。石盒子组暗色泥岩TOC为0.1%～2.5%，生烃潜量最高为1.72mg/g。

3. 中生界

中下侏罗统泥页岩主要位于研究区中东部的济阳拗陷、冀中拗陷、黄骅拗陷和渤海湾拗陷，岩性可分为煤层、碳质泥岩和泥岩。碳质泥岩TOC为0.2%～42.3%，生烃潜量分布范围较宽，为0.02～87.63mg/g，综合评价为差-中等泥页岩。泥岩在各地区普遍发育，有机碳含量差异较大，一般小于2.0%，最高达5.7%，但生烃潜量与氯仿沥青"*A*"含量较低，生烃潜量小于2.22mg/g，氯仿沥青"*A*"含量低于0.326%，综合评价为差-中等泥页岩。同一凹陷不同地区泥岩有机质丰度差异较大，如黄骅凹陷中部地区下侏罗统暗色泥岩有机质丰度低，但南部地区部分样品已达到中等泥页岩评价标准，表明中下侏罗统地层沉积时期具有较强的分割性。

下白垩统湖相暗色泥岩在各地区均有分布。辽河凹陷的九佛堂组有机质丰度较高，宋家洼的九佛堂组TOC平均为3.0%，生烃潜量平均为20.4mg/g，最高可达94.37mg/g，为一套好的泥页岩，辽河凹陷沙海组和渤海海域早白垩统泥页岩属于好-较好生油岩。济阳拗陷桩西地区蒙阴组TOC平均为1.66%，生烃潜量平均为4.75mg/g，氯仿沥青"*A*"含量为0.0131%～0.2603%，平均为0.1612%，最高达4.0%，生烃潜量平均为4.32mg/g，氯仿沥青"*A*"含量平均为0.0896%，达到中等生油岩的标准。冀南地区中生界泥页岩有机碳平均为0.61%，氯仿沥青"*A*"含量平均为0.0476%，为差-中等泥页岩。辽河凹陷阜新组和冀中凹陷的石家庄凹陷下白垩统有机碳含量高，但可溶有机质含量低。

总体上，中生界泥页岩有机质丰度呈现由西南向东北变好的趋势，但具有较强的分区性，各地区具有各自的有机碳高值分布中心，在冀中凹陷以北京凹陷、黄骅凹陷以南皮的东部、济阳以沾化凹陷的局部地区、辽河凹陷以宋家洼陷呈环状分布，中心地带有机碳含量高于2.0%，但面积相对较小，反映断陷湖盆的沉积特点。

4. 古近系

1）济阳拗陷

济阳拗陷沙四段上亚段泥页岩TOC主要为1.5%～6%，最高为10.24%，平面分布差异较大，其中东营凹陷TOC最高；沙三段下亚段泥页岩TOC主要为2%～5%，最高为16.7%，全区分布；沙三段中亚段泥页岩TOC主要为1.5%～3%，最高为7.5%，全区分布；沙一段泥页岩TOC主要为2%～7%，最高为19.6%，全区分布；不同层系泥页岩TOC均有次洼边部向中部地区逐渐变好，沙四段上亚段、沙三段下亚段和沙一段泥页岩TOC高于沙三段中亚段。

2）东濮凹陷

东濮凹陷泥页岩非均质性很强，不同层位泥页岩有机质丰度分布差别比较明显，同一层位泥岩样品中有机质丰度变化很大，沙三段和沙一段泥页岩丰度均较高，其中沙三段下亚段泥页岩质量最好，TOC分布范围为0.14%～5.69%，平均值为1.36%；氯仿沥青“*A*”含量的分布范围为0.0014%～10.97%，平均值为0.2904%；生烃潜量为0.05～68.53mg/g，平均值为4.27mg/g；总烃含量为12～63582μg/g，平均值为3060μg/g，为好泥页岩；沙三段中亚段和沙一段次之，为较好-好泥页岩；沙三段上亚段相对较差，但同样达到较差-较好水平。

3）冀中拗陷

孔店组TOC主要为0.4%～3.0%；氯仿沥青“*A*”含量主要为0.01%～0.3%。其中，在廊固凹陷有机质丰度相对最高，TOC平均为0.79%，氯仿沥青“*A*”含量平均为0.053%；晋县次之，有机碳含量平均为0.58%，氯仿沥青“*A*”含量平均为0.002%。饶阳凹陷、霸县凹陷、深县凹陷、徐水凹陷、保定凹陷有机质丰度依次降低。

沙四段泥页岩TOC为0.3%～1.5%。廊固凹陷丰度较高，TOC平均为1.0%～1.5%，霸县凹陷TOC平均为0.3%～1.0%，保定凹陷、深县凹陷TOC平均为0.5%～1.5%，氯仿沥青“*A*”含量平均为0.110%～0.192%，均属较好-好泥页岩。

沙三段泥页岩有机质丰度高，TOC为0.5%～3.0%。饶阳凹陷、霸县凹陷有机质丰度相对最高，TOC平均为1.0%～3.0%，氯仿沥青“*A*”含量平均为0.074%～0.154%，廊固凹陷、深县凹陷次之，但均属较好-好泥页岩。

沙一段泥页岩分布局限，在该区沙河街组泥页岩层系有机质丰度较低，TOC平均为0.3%～2.0%，最高可达2.15%；饶阳凹陷TOC平均为1.0%～2.0%，霸县凹陷TOC平均为0.5%～1.0%，廊固凹陷丰度最低，TOC平均为0.1%～0.5%。

4）黄骅拗陷

黄骅拗陷所有泥页岩层系中以孔二段有机质丰度最高，孔二段泥岩TOC平均为3.10%，最高可达9.15%，属好泥页岩级别。

沙三段泥页岩有机质丰度高，TOC为0.5%～2.5%。歧口凹陷有机质丰度相对最高，TOC平均为2.0%。板桥凹陷、孔南凹陷和北塘凹陷次之，但均属较好-好泥页岩。

沙二段泥页岩分布较为局限，其中北塘地区出现大范围整体缺失。有机质丰度仍以歧口凹陷居优，TOC为0.5%～2.5%，属好泥页岩级别，而板桥地区沙二段为好-较好泥页岩。

沙一段泥页岩在该区沙河街组泥页岩层系有机质丰度最高，沙一段泥岩TOC平均为0.5%～5.0%，最高可达9.15%；在歧口凹陷内其有机质丰度是各层系中最高的，TOC平均为2.12%，氯仿沥青“*A*”含量为0.262%，是该凹陷中重要的泥页岩层系。相比之下，盐山凹陷中沙一段有机质丰度更高，但属以低成熟油为特征的好泥页岩，孔南沙一段为好-较好泥页岩层，板桥凹陷和北塘凹陷沙一段分别为较好泥页岩和较差泥页岩丰度级别。

5）辽河拗陷

（1）大民屯凹陷。

随着埋深的增加，TOC呈增大趋势（图2-9、图2-10）。沙一段TOC较小，沙三段和沙四段TOC较大。有机质丰度呈现明显的非均质性，沙四段上亚段大套块状泥岩，TOC在2%左右；沙四段下亚段油页岩、钙质页岩，TOC较高，最大达到12%。

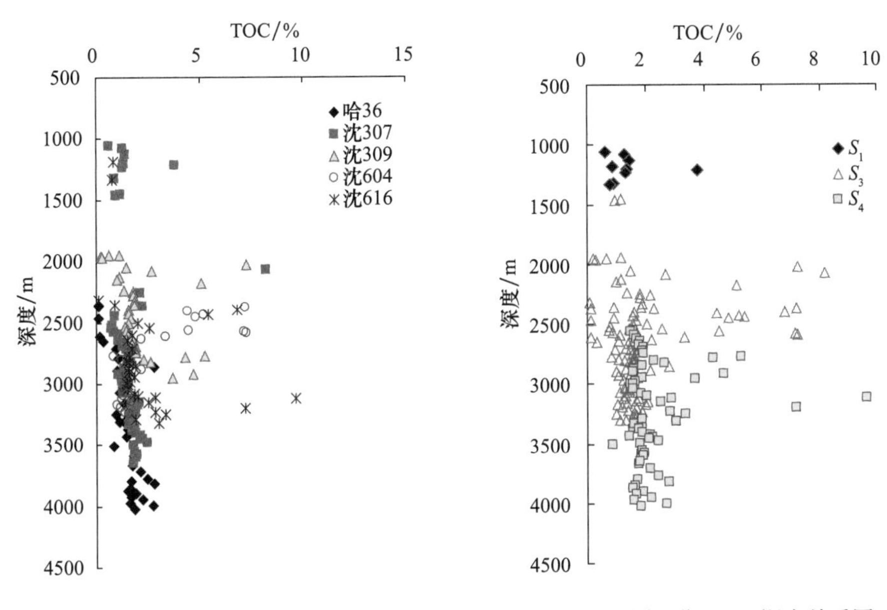


图2-9　不同井TOC-深度关系图　　　　图2-10　不同层位TOC-深度关系图

大民屯凹陷安福屯洼陷和东胜堡洼陷区沙四段下亚段油页岩TOC普遍大于2.0%，最高可达15%；沙四段上亚段泥岩TOC为0.5%～2.5%，最高值位于大民屯凹陷西部安福屯洼陷和南部荣胜堡洼陷；沙三段、沙四段泥岩有机碳含量最高值位于大民屯凹陷西部安福屯洼陷和南部荣胜堡洼陷。

（2）东部凹陷。

沙三段细分为沙三段上亚段、沙三段中下亚段，其中沙三段上亚段TOC为0.04%～57.54%，沙三段中下亚段TOC为1.69%～18.47%，平均为2.35%。

平面上，东部凹陷沙三段中下亚段泥页岩有机质丰度高，表现为北、中、南段三个中心，牛居—长滩TOC最高为2.5%，大平房—驾掌寺泥页岩TOC最大可达2.0%，东部凹陷沙三段中下亚段大于1.5%的分布面积为1361km²。沙三段上亚段泥页岩TOC为0.5%～2.5%，牛居—长滩TOC最高为2.5%，中南部TOC主要为0.5%～1.5%。东部凹陷沙三段上亚段大于1.5%的分布面积为943km²。

纵向上，黄100井沙三段中下亚段发育湖相大套暗色泥岩，TOC在2%左右；沙三段上亚段主要为三角洲平原砂泥互层，发育煤系地层，呈现强非均质性，煤系地层TOC

很高，非煤系地层 TOC 在 1%左右。龙 609 井沙三段中亚段发育湖相大套暗色泥岩，TOC 大于 2.0%；茨 3 井在沙三段中亚段与龙 609 井相似，沙三段上亚段与黄 100 井沙三段上亚段相似，沙三段上亚段底部和沙三段中段是两套重要的泥页岩。

(3) 西部凹陷。

沙四段泥页岩 TOC 普遍较高，为 0.1%～6.3%，平均为 2.4%，主体大于 2%。平面上，沙四段下亚段高值区主要分布在高升-牛心坨地区，最高可达 4.0%，TOC 大于 2.0%的分布面积为 147km²；沙四段上亚段高值区主要分布在盘山-陈家洼陷，最高可达 5.0%，TOC 大于 2.0%的分布面积为 624km²。纵向上，沙四段有机质丰度呈现明显的非均质性，沙四段上亚段上部和下部 TOC 高于中部。例如，曙古 168 井，上部页岩 TOC 最高可达到 8%，中部 TOC 在 2%左右；$S_1+S_2$ 呈现类似的变化规律，上部大于 30mg/g，中部小于 16mg/g。

平面上，西部凹陷沙三段 TOC 为 0.1%～18.1%，平均为 1.7%，大部分地区 TOC 大于 1.5%。有机碳含量的分布随着沉积中心的迁移而变化，沙三段下亚段 TOC 高值区分布在陈家-清水洼陷周边，最高可达 5.0%，TOC 大于 2.0%的分布面积为 724km²；沙三段中亚段 TOC 高值区分布在陈家-清水洼陷周边，最高可达 4.0%，TOC 大于 2.0%的分布面积为 693km²；沙三段上亚段 TOC 高值区分布在清水洼陷周边，最高可达 3.0%，TOC 大于 2.0%的分布面积为 319km²。纵向上，沙三段有机质丰度呈现明显的非均质性。陈家洼陷陈古 5 井，沙三段下亚段 TOC 主体大于 2%，最大为 6%；沙三段中亚段中下部类似于沙三段下亚段；沙三段中亚段上部和沙三段上亚段，TOC 普遍小于 2%；清水洼陷的马深 1 井沙三段上、中、下亚段有机质丰度没有明显的非均质性；从沙三段上亚段到下亚段，进入成熟期后，$S_2$ 变小，$S_1$ 变大；双深 3 井沙三段上、中、下亚段有机质丰度呈现一定的非均质性；沙三段上亚段 TOC 相对较高，大于 2%，沙三段中亚段 TOC 在 2%左右，沙三段下亚段 TOC 主体小于 2%。

平面上，西部凹陷沙一段 TOC 为 0.5%～3.0%，平均为 1.7%，大部分地区 TOC 大于 1.5%。沙一段 TOC 高值区位于清水洼陷，最大可达 3.0%，大于 2.0%的分布面积为 280.12km²。双深 3 井 TOC 在 1.8%左右，非均质性不强。

### (三) 有机质成熟度

#### 1. 中新元古界

由野外露头样品分析的热解峰温分布图（图 2-11）可以看出：高于庄组的 $T_{max}$ 为 490℃，已进入高成熟的湿气阶段；雾迷山组的 $T_{max}$ 为 482℃，处于高成熟凝析油阶段；洪水庄组—铁岭组的 $T_{max}$ 较低，为 443℃，处于生油主带阶段；下马岭组由于受辉绿岩体的侵入烘烤，$T_{max}$ 在各组地层中最高，为 491℃，已进入高成熟的湿气阶段。

从钻井取样分析的热解峰温分布可以看出，韩 1 井洪水庄组泥岩的 $T_{max}$ 样品点主要分布在 450～480℃，进入高成熟的生油、凝析油阶段；杨 1 井铁岭组泥岩的 $T_{max}$ 样品值

较分散，为 450～540℃，处于低成熟-高成熟的生油、凝析油阶段（图 2-12）。

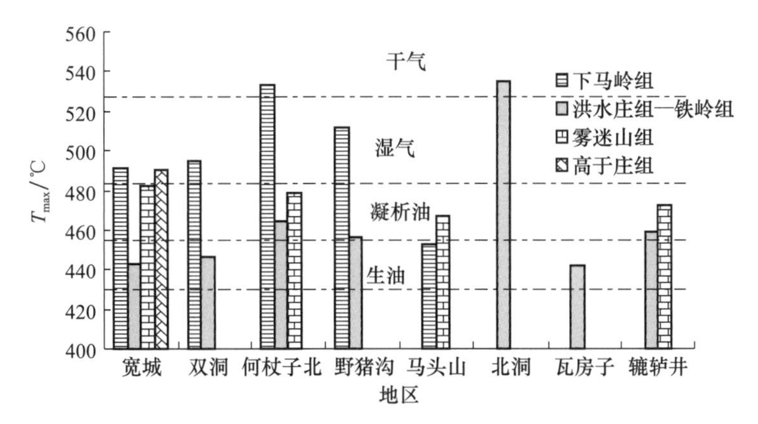


图 2-11 中新元古界不同地区源岩热解峰温分布图

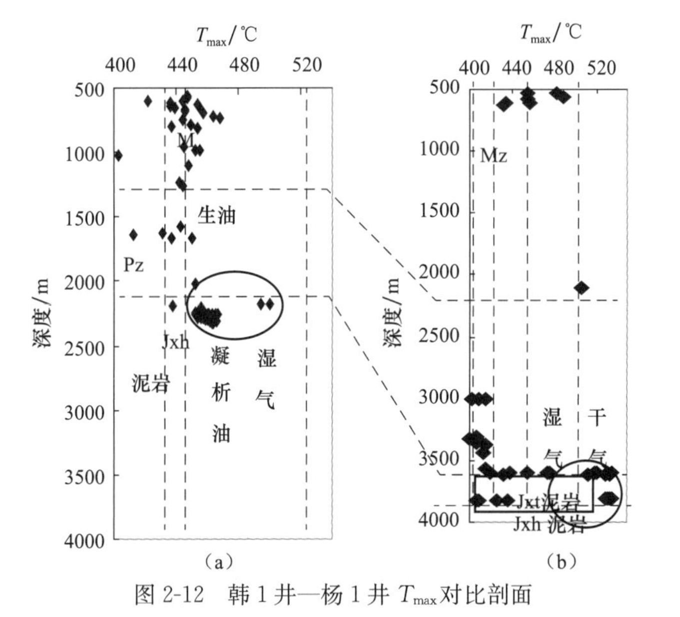


图 2-12 韩 1 井—杨 1 井 $T_{max}$对比剖面

（a）韩 1 井；（b）杨 1 井。Jxh 指蓟县系洪小庄组；Jxt 指蓟县系铁岭组

2. 上古生界

1）济阳拗陷

根据济阳地区实际取样分析，认为石炭系—二叠系样品现今成熟度多处于成熟和高成熟阶段，$R_o$ 一般为 0.6%～2.0%，部分样品 $R_o$ 大于 2.0%，已达到过成熟阶段。各个地区差异明显，车镇-大王庄地区成熟度最低，埋深为 4000m，成熟度为 0.62%～0.72%，处于成熟阶段初期。孤北、罗家、曲堤镇地区成熟度较高，$R_o$ 达成熟-高成熟阶段。大多数凹陷都有一定数量的泥页岩，刚进入液态烃的大量生成阶段。

2）临清拗陷

随着地层由新变老，$R_o$ 值有逐渐增大的趋势，但增加值较小。东濮凹陷北部毛

4 井、庆古 2 井、濮深 1 井由上石盒子组到本溪组 $R_o$ 为 0.7%～1.42%，以成熟源岩特征为主。推测各次级洼陷现演化已进入过成熟期。南部马古 11 井就同一层而言，$R_o$ 值要偏高于北部许多，从山西组到本溪组 $R_o$ 为 1.84%～4.03%，具高成熟-过成熟源岩特征，属生气和凝析油阶段（图 2-13）。总之，东濮凹陷北部为成熟-高成熟至过成熟阶段，南部为高成熟-过成熟阶段。

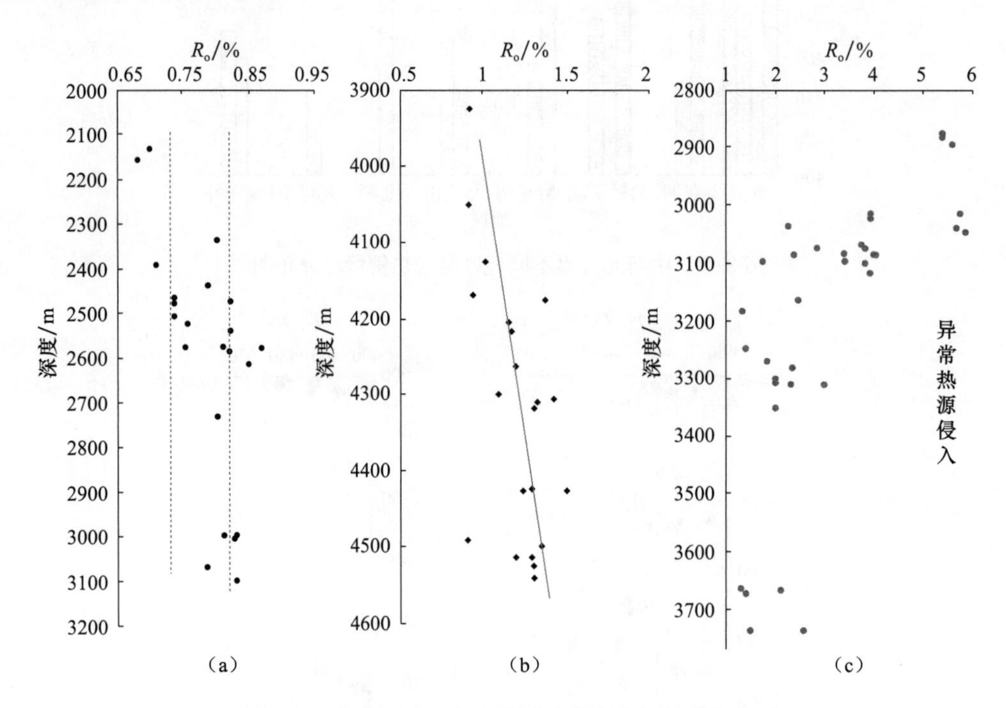


图 2-13　东濮凹陷上古生界泥页岩演化与深度的关系

(a) 毛 4 井、范古 1 井；(b) 庆古 2 井、濮深 1 井；(c) 马古 11 井、马古 5 井、马古 6 井、春古 3 井

3）冀中拗陷

当煤系埋深为 3500m 时 $R_o$ 为 0.7%，冀中拗陷大城凸起和北部的凤和营凸起埋深均小于该值，属于未成熟区。当埋深为 5300m 时，$R_o$ 为 1.3%，埋深小于 5300m 时定义为油窗内生油气，埋深超过该值视为高成熟-过成熟生气。文安斜坡、杨村斜坡以及河西务地区南部均位于油窗内，而杨村斜坡深洼处（埋深大于 5300m）和河西务地区北部处于高演化阶段，分布面积较小（图 2-14）。此外，部分地区由于火山岩的多次侵入使煤系进一步演化，$R_o$

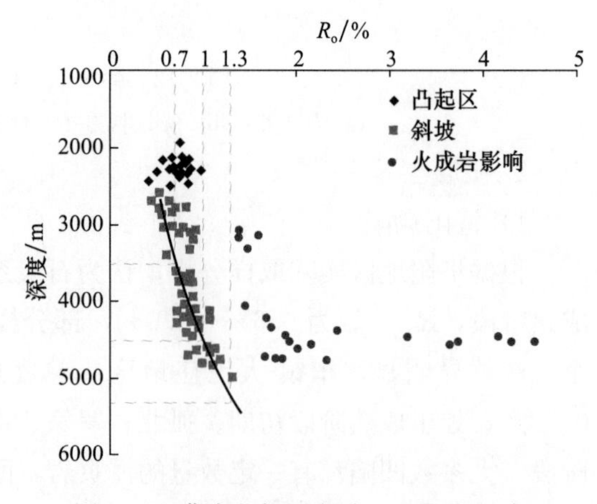


图 2-14　冀中北部石炭系—二叠系 $R_o$ 与深度的关系

存在许多异常点，埋深在3000m左右$R_o$便达到1.3%，而埋深在4000～5000m的范围内，异常$R_o$分布在1.5%～5%。

4）辽河拗陷

根据有机质热演化成熟度剖面（图2-15），上古生界石炭系—二叠系泥页岩$R_o$处在高成熟湿气-过成熟干气阶段，可以大量生气。

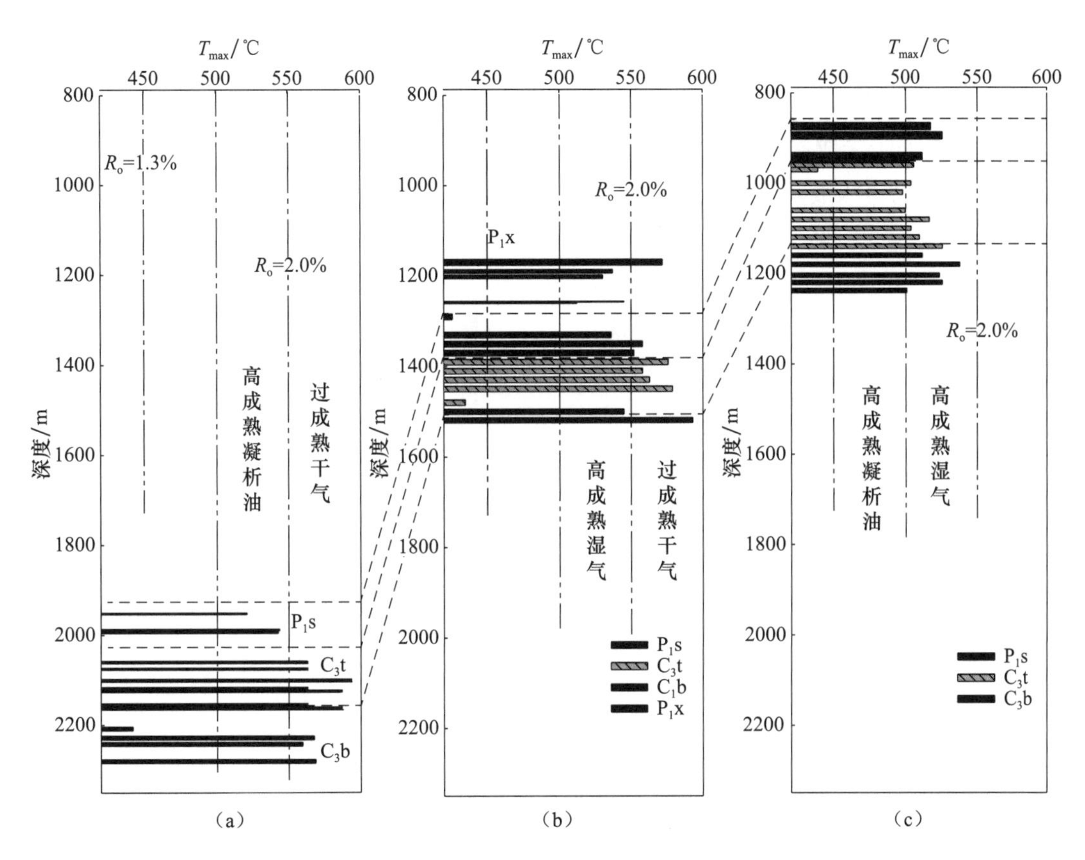


图2-15 东部凸起C—P泥页岩热演化成熟度$R_o$剖面

（a）佟3井泥页岩；（b）佟2905井泥页岩；（c）乐古2井泥页岩

3. 中生界

中生界泥质泥页岩处于成熟-高成熟阶段，大多数处于成熟阶段，少部分样品达到过成熟阶段，从有机质成熟度较高者（$R_o$>2.0%）样品分析，一般是受火成岩烘烤所致。从平面上来看，中生界有机质成熟度呈南高北低的特点，济阳拗陷和临清凹陷有机质成熟度最高，在各次级凹陷古近系沉积中部地区，$R_o$可达2.0%以上，已进入过成熟阶段，由中心向边部地区成熟度逐渐降低，但均已进入成熟阶段。南部地区有机质成熟度相对较低，主要处在成熟-高成熟阶段，为大量生油-生凝析气阶段。东北部的辽河凹陷中生界有机质成熟度较低，主要处于未成熟-成熟阶段。

4. 古近系

1）济阳拗陷

济阳拗陷沙一段、沙三段中亚段、沙三段下亚段和沙四段上亚段页岩的成熟度变化范围较宽，从未熟到高成熟阶段均有分布，虽然不同地区不同层系泥页岩镜质体反射率随埋深关系不完全一致，但均表现出镜质体反射率随埋深的增加而增大的特征，以 $R_o$ = 0.5%为成熟门限，$R_o$ = 1.3%为高成熟门限，济阳拗陷沙三段中、下亚段页岩 $R_o$ 主要为 0.5%～1.3%，处于成熟阶段，沙四段上亚段页岩 $R_o$ 为 0.5%～1.6%，主体处于成熟演化阶段，部分地区埋深较大而进入高成熟演化阶段，沙一段页岩 $R_o$ 为 0.3%～0.7%，主要处于未成熟-成熟阶段，其中车镇凹陷和沾化凹陷局部地区的沙一段页岩 $R_o$ 大于 0.5%，已进入成熟阶段（图 2-16）。

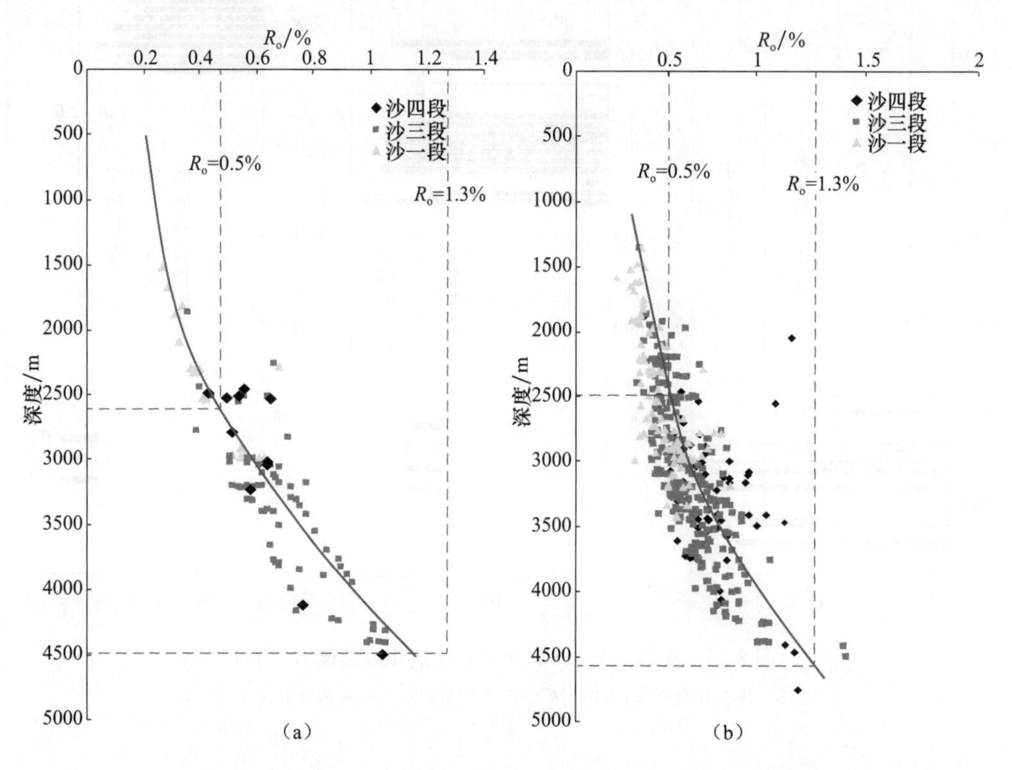


图 2-16 车镇凹陷、沾化凹陷不同层系泥页岩 $R_o$ 与深度的关系图

（a）车镇凹陷；（b）沾化凹陷

2）临清拗陷（东濮凹陷）

从东濮凹陷北部泥页岩镜质体反射率随深度变化图（图 2-17）可以看出，埋深在 2250m 左右时，$R_o$ 达到 0.5%，进入生烃门限，并随深度的增加而逐渐增大，2250～3000m 为低成熟阶段，3000～4100m 为成熟阶段，生烃高峰深度为 3750m，大于 4100m 进入高成熟阶段。

3）冀中拗陷

冀中拗陷在2800m左右进入生烃门限（$R_o$=0.5%），沙三段和沙四段泥页岩主体处于成熟、高成熟演化阶段；镜质体反射率$R_o$为0.8%～2.5%，沙四段廊固凹陷达到4.0%。沙一段整体处于成熟演化阶段，霸县凹陷、廊固凹陷演化到高成熟阶段，$R_o$为0.5%～1.5%。

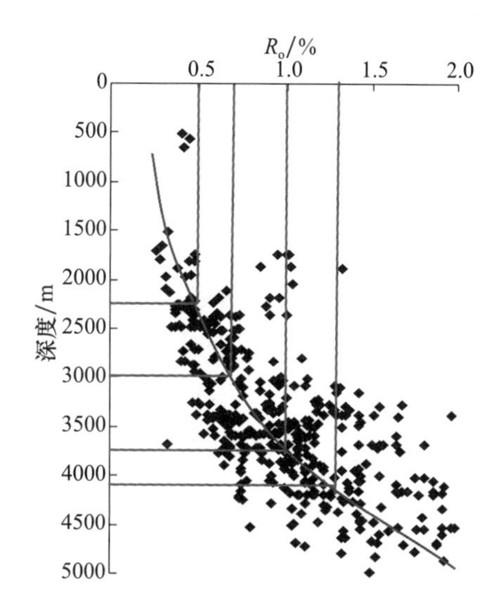


图2-17 东濮凹陷北部泥页岩$R_o$随深度变化图

4）黄骅拗陷

黄骅拗陷有机质的成烃演化历程分为五个阶段：①未成熟阶段，埋深小于2000m，$R_o$为0.26%～0.47%，黏土矿物转化为分散蒙脱石和蒙脱石占70%的混层。②低成熟阶段，$R_o$为0.47%～0.55%，黏土矿物中蒙脱石占50%～70%，呈现蒙脱石向伊蒙混层的明显转化。③成熟阶段，埋深在4000m左右，$R_o$为0.55%～1.20%，黏土矿物中蒙脱石层占30%～50%，并已大量向伊蒙混层转化，此阶段为干酪根热降解成油气的主要阶段。④高成熟阶段，埋深多大于4000m，$R_o$为1.2%～2.0%，黏土矿物中蒙脱石层仅占2.0%左右。有机质演化进入高成熟阶段的泥页岩层，主要分布在马东、马西深层和白水头、板深35井区沙三段。⑤过成熟阶段，$R_o$大于2.0%，混层黏土矿物已进一步转化成分散的伊利石和绿泥石。此阶段以产凝析油气为主，并最终形成纯气带。

岐口凹陷、板桥凹陷沙三段生油岩埋深一般为3500～5000m，沙三段泥页岩$R_o$为0.5%～2.5%，沙三段泥页岩有机质演化进入高成熟阶段；北塘凹陷和沧东-南皮凹陷沙三段生油岩埋深一般为2500～3500m，沙三段泥页岩$R_o$为0.5%～0.7%，生油岩热演化达到低成熟-成熟阶段。

5）辽河拗陷

（1）大民屯凹陷。

有机质热演化的纵向分布特征明显具有随埋深加大，地层年代变老，有机质热演化程度逐渐增大的规律。以$R_o$=0.5%为界来区分未成熟和成熟的泥页岩，$R_o$=0.5%对应的门限深度为2300m左右，大民屯凹陷中大部分的泥页岩处于成熟阶段（图2-18）。以$T_{max}$值为标准来区分未成熟、成熟和高成熟，以435℃来区分未成熟和成熟的泥页岩，以450℃来区分成熟和高成熟的泥页岩。大部分泥页岩处于435～450℃的成熟阶段，少部分处于未成熟和高成熟阶段（图2-19）。

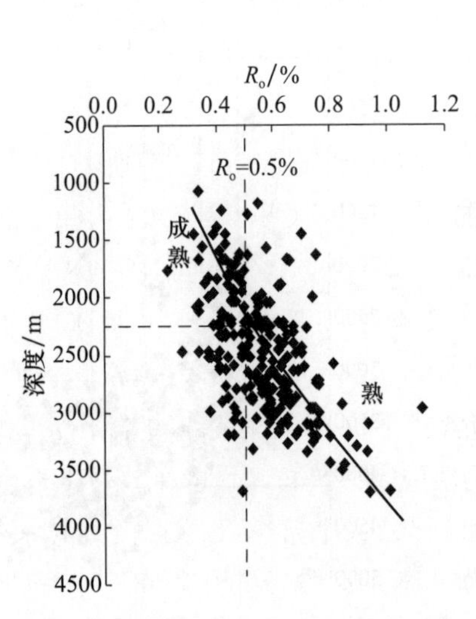


图 2-18 大民屯凹陷 $R_o$ 与深度关系图

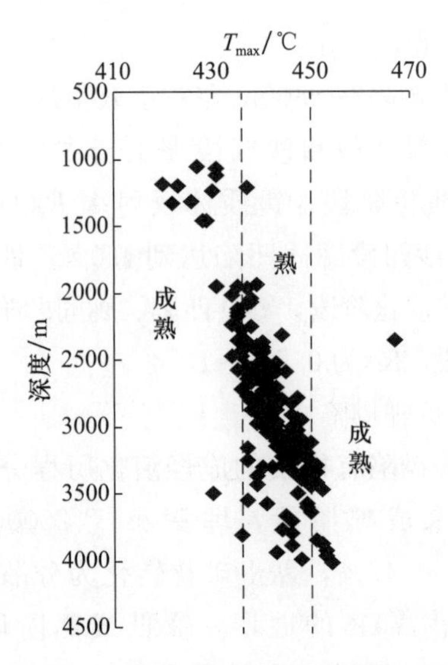


图 2-19 大民屯凹陷 $T_{max}$ 与深度关系图

南部荣胜堡洼陷沙三段、沙四段的源岩，$R_o$ 为 0.5%～1.2%，洼陷中心的 $R_o$ 最高值可达 1.7%。沙三段、沙四段有机质成烃演化处于成熟阶段，成熟泥页岩面积为 670km²。

沙四段的源岩 $R_o$ 主体处于 0.6%～1.0%，推测南部洼陷中心大于 4500m 的源岩 $R_o$ 大于 2.0%。整体上看，沙四段有机质成烃演化主体处于成熟阶段，成熟泥页岩面积为 661km²。

（2）东部凹陷。

据源岩实测 $R_o$ 数据统计，东部凹陷源岩热演化程度整体不高，大部分处于 0.5%～1.0%，为低熟至成熟阶段。南北两端基底埋深大的地区源岩热演化程度高，如牛居—长滩达到 2.0%，南部地区热演化程度更高，最高可达 3.0%，中部埋深小的地区源岩热演化程度低。

（3）西部凹陷。

西部凹陷有机质热演化的纵向分布特征明显，具有随埋深加大，地层时代变老，有机质热演化程度逐渐增大的规律。据目前实测数据分析，沙三段取样最大深度为 4800m，实测 $R_o$ 为 1.14%，在深度约 2700m 处达到成熟门限；沙四段已实测 $R_o$ 的样品最大埋深为 4940m，对应 $R_o$ 为 1.3%，在深度 2600m 处达到成熟门限。

沙四段泥页岩主体处于低成熟-成熟期，沙三段泥页岩主体进入生烃高峰期，$R_o$ 普遍大于 0.5%，局部洼陷深层进入高成熟期，$R_o$ 达到 2.0%。

## 三、页岩储层特征

### （一）岩矿特征

1. 上古生界

辽河拗陷东部凸起石炭系—二叠系煤系地层广泛发育，泥岩矿物成分主要为石英、斜长石、菱铁矿、黄铁矿、白云石、黏土。其中，石英含量高，达到45%以上，易产生裂缝，为页岩气提供了良好的储集条件。

渤海湾盆地周缘河南、山西地区上古生界太原组、山西组页岩中含有石英（65%～98%）、黏土（2%～22%）、钾长石（0%～2%）、斜长石（0%～3%）、方解石（0%～2%）、白云石（0%～2%）、菱铁矿、黄铁矿和石膏。

盆地周缘山西、河南地区太原组和山西组页岩黏土矿物主要由伊利石（23%～78%，平均为64.29%）、高岭石（0%～75%，平均为31.2%）、绿泥石（2%～30%）、伊蒙混层（0%～15%，平均为7.5%）、绿蒙混层（0%～5%，平均为2.6%）。通过统计分析，伊利石和高岭石含量最高，其中山西和河南地区上古生界页岩黏土矿物中均含有伊利石和绿泥石，河南地区伊利石为主要成分，高岭石含量较少，山西地区则高岭石为黏土矿物的主要成分，伊利石次之。

2. 中生界

盆地周边的河南济源中生界谭庄组页岩矿物主要由石英（60%）、黏土（18%）、白云石（8%）、方解石（5%）、斜长石（4%）、钾长石（2%）、菱铁矿（2%）和少量硬石膏组成。其中黏土矿物主要成分为伊利石，含量可达75%，其次是高岭石、绿泥石和蒙脱石。

3. 古近系

1）济阳拗陷

沾化凹陷四套泥页岩全岩矿物以碳酸盐岩为主，其次为黏土矿物，普遍含有石英和黄铁矿，碳酸盐岩含量均以方解石为主，其中沙四段上亚段泥页岩碳酸盐岩含量最高，其次为沙三段下亚段，沙三段下亚段和沙四段上亚段泥页岩方解石含量平均值在50%以上，沙三段中亚段和沙一段泥页岩中方解石含量略低，但平均值均在30%以上。沙四段上亚段、沙三段下亚段、沙三段中亚段大部分样品中均含有一定量的白云石。四套泥页岩黏土矿物含量和石英均低于50%，沙三段下亚段和沙四段上亚段泥页岩黏土矿物含量和石英均低于20%，低于沙一段和沙三段中亚段。与沾化凹陷相比，东营凹陷泥页岩矿物含量变化范围大，总体碳酸盐岩含量较低、陆源碎屑岩含量高、黏土矿物含量高，值得注意的是东营凹陷沙三段中亚段黏土矿物含量相对较高，均值可达40%。东营凹陷的沙三段中亚段全岩矿物中以黏土矿物为主，均值可达40%以上，其他各层系黏土矿物含量均值均在30%以下，具有较高的脆性矿物含量。

2）东濮凹陷

据分析含量较广，矿物类型主要为黏土、石英、斜长石、方解石、白云石，其次是黄铁矿、硬石膏、菱铁矿。

其中，黏土含量主要为4.7%～52.1%，平均为26.1%，含量小于30%的样品占多数。石英含量主要为3.5%～25%，平均为15.67%。斜长石在每个泥页岩样品中均有分布，主要为2%～51.9%，平均为16.4%，不同深度的样品百分比含量变化较大。方解石含量主要为1%～45.6%，其中3258.2m段样品岩性为膏岩盐，方解石含量高达

98%。白云石含量主要为1.1%～45%，平均为12.91%。黄铁矿、菱铁矿、硬石膏发育于部分井段，含量较低（图2-20）。

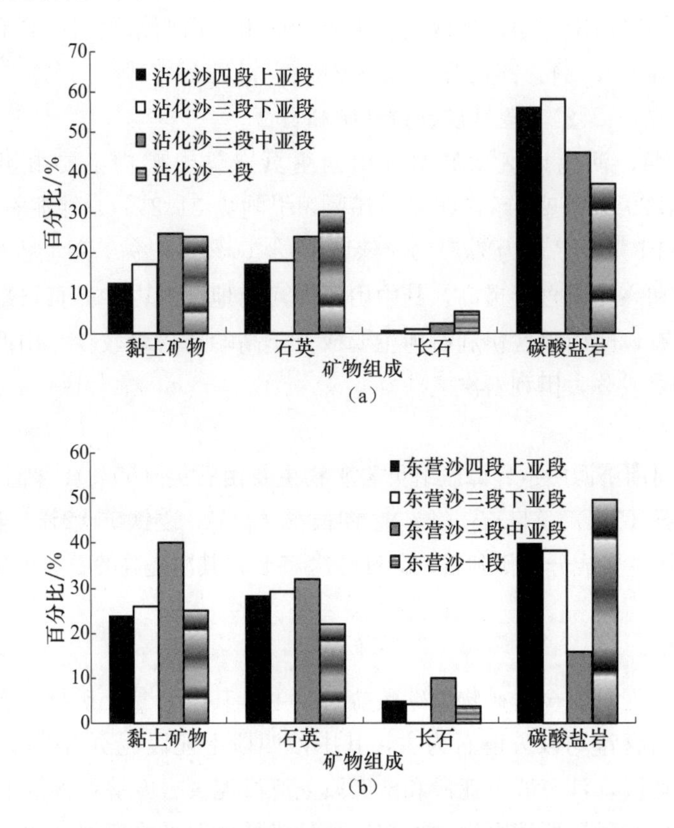


图2-20　济阳坳陷不同地区不同层位泥页岩矿物组成均值对比图

东濮凹陷沙三段脆性矿物类型主要为石英、方解石、白云石等碳酸盐岩矿物。通过对PS18-1井和PS18-8井不同深度段共计28个样品进行矿物组分分析统计，脆性矿物含量为6.7%～72%，平均为43.84%，其中脆性矿物含量大于40%的样品数为66.67%，具备较好的开发条件（图2-21）。

### （二）岩石类型

#### 1. 上古生界

上古生界泥页岩岩性主要为深灰色-灰黑色泥岩和碳质泥岩。

#### 2. 中生界

济阳坳陷中生界岩性组合中暗色泥岩、碳质泥岩和煤层均较薄，具有较强的非均质性。

#### 3. 古近系

1）济阳坳陷

岩石成分包括泥质、方解石、黄铁矿、碳质、砂质、白云石、磷质等，并可见薄壳

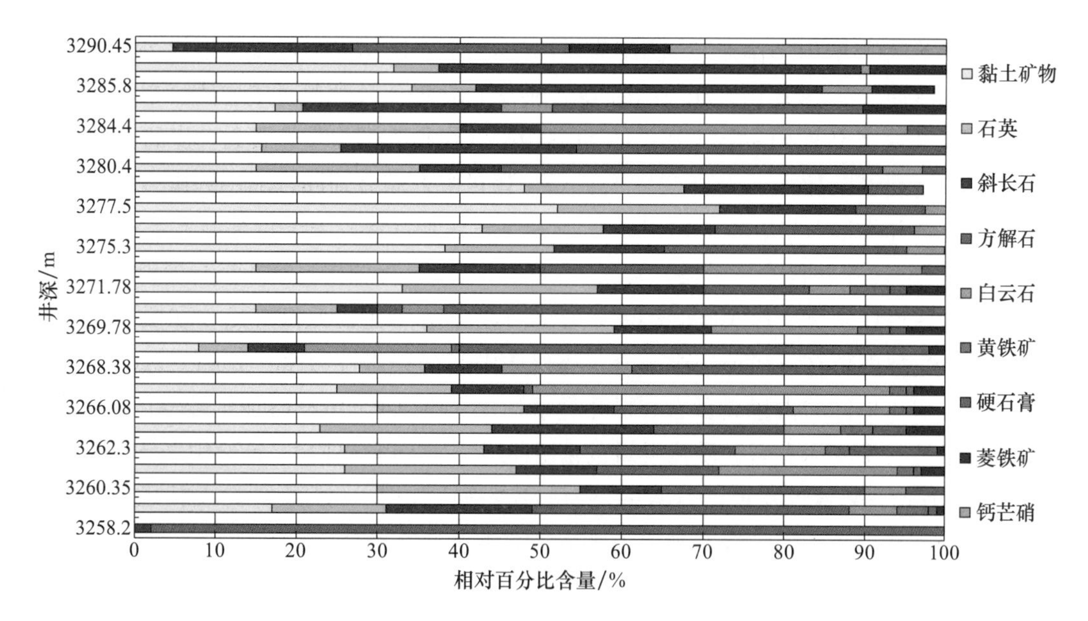


图 2-21 PS18-1 井沙三段不同深度段矿物相对百分比含量图

介形虫片、脊椎动物等生物碎片；主要矿物组成为泥质、方解石和石英，三者之和常常超过岩石矿物组成的 90%，其中泥质包括黏土矿物和黏土粒级石英等陆屑。总体看来，沙四段泥页岩岩性主要为泥岩、泥灰岩和灰岩，少量白云岩；沙三段岩性主要为泥岩、粉砂质泥岩、泥灰岩、灰泥岩，少量灰岩等；沙一段岩性主要为白云岩，次为（含）灰质泥岩。

2）东濮凹陷

沙三段下亚段暗色泥页岩岩性主要为灰色-深灰色泥岩及深灰色、灰色含膏泥岩、白云质泥岩、钙质泥岩夹薄层褐色页岩；沙三段中亚段岩性主要为褐色油页岩、含膏泥岩及薄层深灰色泥岩、钙质泥岩；沙三段上亚段泥岩岩性主要为灰色、深灰色泥岩，部分夹灰色页岩、钙质页岩、油页岩；沙一段岩性主要为油页岩、泥岩。

3）冀中拗陷、黄骅拗陷

沙河街组泥页岩岩性主要为灰色-深灰色泥岩、钙质泥岩夹薄层褐色页岩。

## （三）储集空间

### 1. 上古生界

主要空间类型可划分为有机孔隙、无机孔隙和微裂缝。有机孔隙主要发育有机质溶蚀孔、有机质收缩孔，主要被方解石半充填和未充填。山西地区和河南地区有机孔隙发育类型较相似，有机质内部孔隙发育差，而有机质与无机质相邻的外围地区有机质溶蚀孔隙最为发育，山西地区有机收缩孔发育程度低，河南禹州地区样品中相对发育较多。山西和河南地区无机孔较发育，主要发育基质溶蚀孔、晶间溶蚀孔和晶内溶蚀孔，其发育程度与矿物类型和相对含量有关。总的来看，方解石含量越高的样品无机孔发育程度越大。山西地区的方解石溶蚀孔多为半充填状态，而河南地区则为未充填状态，方解石基本被全部溶蚀。微裂缝主要为岩片局部溶蚀缝，山西和顺地区发育较好，山西西故、河南禹州地区发育程度差。主要发育岩片内部小型溶蚀裂缝，贯穿整个岩片的裂缝基本不发育，具有裂缝条数多、发育密度大、延伸短的特征、页岩缝宽主要为 0.9～1μm。主要为未充填和方解石半、全充填。

2. 中生界

济源地区谭庄组页岩储集空间类型主要为有机质溶蚀孔、无机溶蚀孔和微裂缝。有机质溶蚀孔主要发育在有机质边缘部分，有机质中间部分岩性致密，孔隙发育较少。与周边禹州、焦作地区的古生界页岩有机孔类型相比，中生界页岩有机质收缩孔发育程度低。无机溶蚀孔主要为页岩基质内发育的溶蚀孔隙，晶间和晶内溶蚀孔不发育，孔径主要为 0.1～1μm。裂缝较发育，类型主要为岩片内局部小型溶蚀微裂缝，未见贯穿整个岩片的裂缝，发育密度大，缝宽主要为 1μm，主要为未充填状态。

3. 古近系

1）济阳拗陷

受岩石全岩矿物组成及成岩作用影响，济阳拗陷泥页岩储集空间可分为微孔和裂缝，且以微孔为主，次为裂缝。微孔主要为黏土矿物晶间、碳酸盐晶间微孔、黄铁矿晶间微孔及砂质微孔，孔径一般为 1～10μm：黏土矿物主要为伊蒙间层矿物和伊利石，定向性强，晶间微孔均以片状为主，大小多在 5μm 以下。方解石以隐晶结构为主，部分为显微-微晶结构，常构成灰质纹层或与泥质矿物相混产出，局部见微细晶方解石纹层，偏光显微镜下可见灰质纹层亮晶方解石晶间含黑色沥青质，最大可达 50μm，电镜下观察方解石晶间微孔常和黏土矿物微孔相互叠合，因此也多在 5μm 以下；黄铁矿呈草莓状集合体分散产出，晶形完好，发育微米以下级别的微孔隙；陆源砂质常分散于泥质之中或呈条带产出，电镜观察砂质条带见粒间微孔（图 2-22）。

(a)

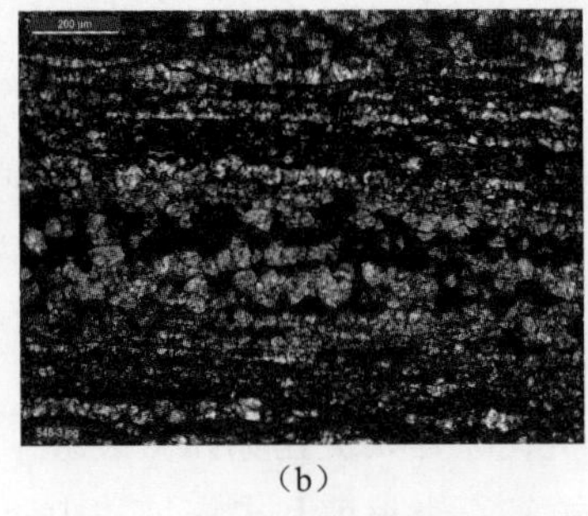

(b)

(c)

图 2-22　泥页岩孔隙型储集空间

(a) 罗 69 井，3039.60m，片状微孔隙发育，见草莓状黄铁矿；(b) 罗 69 井，3055.60m，方解石晶间见沥青质；(c) 罗 69 井，2992.60m，方解石、黏土及黄铁矿晶间微孔发育

2）东濮凹陷

东濮凹陷沙三段储集空间可分为微孔隙和微裂缝两大类，其中孔隙空间可分为有机

孔和无机孔。无机孔是主要孔隙类型，可分为黏土粒间微孔、晶间溶蚀孔和晶内溶蚀孔，有机孔主要发育收缩孔和溶蚀孔。充填状态主要为未充填和半充填，充填物主要为方解石和黄铁矿，主要孔径为0.05～1μm，可对页岩油的储集和运移提供通道。

沙三段微裂缝发育的样品占70%，缝宽主要分布在1μm，最小缝宽约0.1μm，最大缝宽约10μm。裂缝规模可分为贯穿岩片裂缝、半贯穿岩片裂缝和岩片内裂缝，可见主裂缝和分支裂缝，主裂缝往往缝宽较大，分支裂缝缝宽较小（图2-23）。裂缝主要为未充填开启缝和半充填缝状态，充填物质主要为方解石。不同样品裂缝发育密度差异较大，密度最大可达10条/岩片。

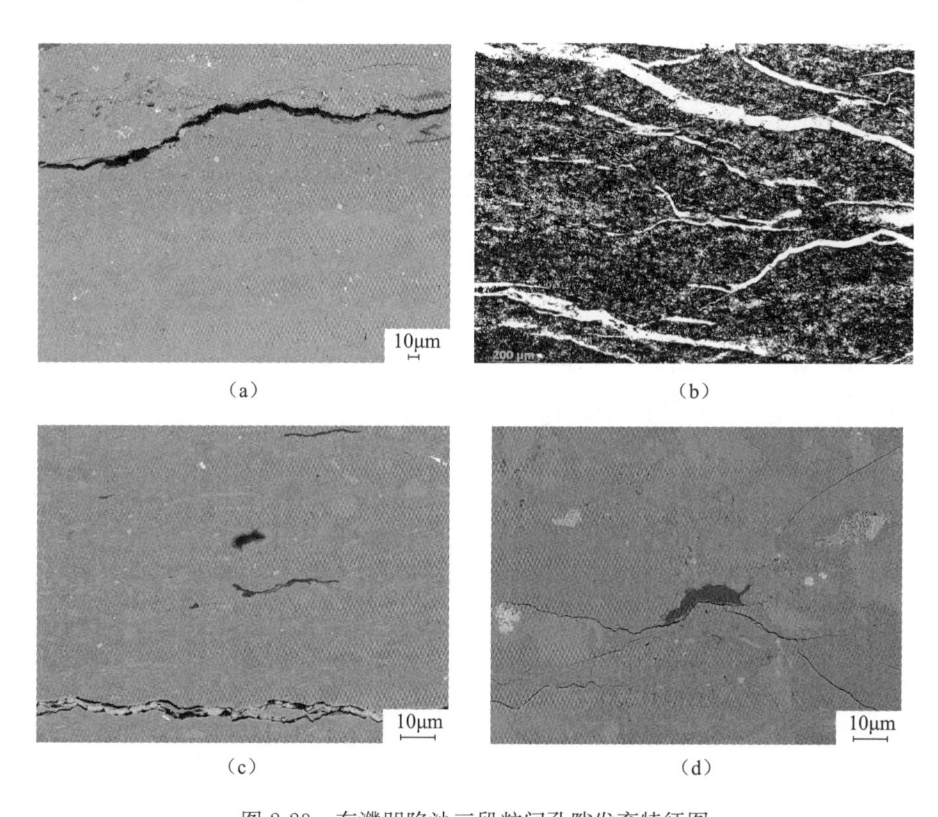

(a) (b)
(c) (d)

图2-23 东濮凹陷沙三段粒间孔隙发育特征图

(a) PS18-1井，3627m，沙三段微裂缝；(b) PS18-1井网状裂缝，方解石充填；
(c) 文260井，3641.5m，沙三段半充填微裂缝；(d) 卫42井，3449m，沙三段未充填微裂缝

（四）物性特征

1. 上古生界

山西和顺、西故和河南禹州地区上古生界野外剖面碳质页岩密度约2.66g/cm$^3$，孔隙度约30%，渗透率为7.37×10$^{-4}$mD，属于超低渗型。比表面积主要分布在6.75941～25.97686cm$^2$/g，平均为16.77cm$^2$/g，山西地区古生界碳质页岩发育较好，有机碳含量较高，页岩比表面积较高，河南地区有机碳含量和比表面积相对较差。

2. 古近系

1）济阳拗陷

据利用煤油法对沾化凹陷38块沙一段和53块沙三段下亚段泥页岩取心进行孔隙度随深度变化图（图2-24）来看，沙一段泥页岩样品埋深主要处于1000～3000m，其孔隙度随埋深的增加而减小，孔隙度由20.7%减小到2.7%，而沙三段下亚段泥页岩样品主要处于2000～4700m，在2000～3000m，孔隙度由14.4%下降到7%，但在3000m以下，孔隙度较为分散，孔隙度在1.2%～10%均有出现，在4000m以下，孔隙度主要为1.2%～5%。孔隙度随埋深的增加而减小，但在埋藏深于3000m之后孔隙度值发生分异，部分样品随埋深的增加而减小，而另外部分样品随埋深的增加而增大，沙三段下亚段在2800m以下的有效孔隙度值分布范围主要为0.5%～19%，各层组泥页岩孔隙均有较大的差异，沙四段上亚段有相同的演化趋势，2800m以下的有效孔隙度值分布范围主要为0.3%～12.8%。两个地区孔隙度随埋深的变化关系表明，深部泥页岩样品的有效孔隙度有不同的演化趋势，在中、晚成岩作用过程中，大量生成了次生孔隙，次生孔隙的存在导致泥页岩孔隙度在相同埋深具有一定的差异性，是油气的有利存储空间。

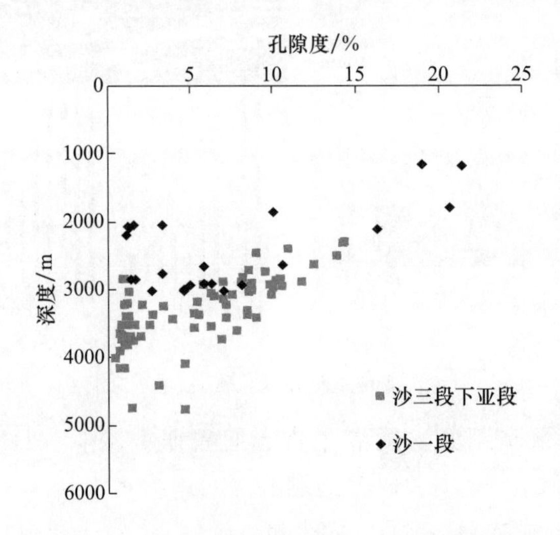


图2-24 沾化凹陷泥页岩埋深与孔隙度的关系图

沙三段下亚段泥页岩埋藏深度为2932.5～3127m，孔隙度主要为2%～7%，最高可达15.9%，沙四段上亚段泥页岩埋藏深度为3127～3141m，孔隙度主要为2%～9%，最高可达11.5%，均具有较高的油气储存空间。

2）东濮凹陷

通过对沙三段12块样品进行孔隙度分析测试，据测试结果，孔隙度为3.5%～14.24%，主要为3%～8%，平均值为7.7%。

沙三段有机质泥页岩渗透率为0.0008889～0.0442mD，由于泥页岩较致密，渗透率整体偏低，处于超低渗型。泥页岩中发育的天然裂缝对渗透率影响较大，PS18-8井沙三段微裂缝较发育，渗透率相对其他微裂缝发育程度较测试岩心较好。

沙三段有机质泥页岩比表面积主要为3.23～31.77$m^2/g$，平均达16.32$m^2/g$。页岩气主要以吸附的形式赋存，比表面积是影响吸附气含量的主要因素之一。

## 四、页岩的含气（油）特征

### （一）钻、测、录、试井

古近系、上古生界泥页岩发育段的气测显示均表现为高全烃、高甲烷异常，整体为箱形，局部为锯齿状，气测值与气层相近或略高，如东营凹陷的丰深1井、梁752井、河160井等。气测显示均含有较高的烃气组分，这些探井泥页岩段测井曲线一般表现为自然伽马测井相应为高值，体积密度为低值，电阻率为高值，这一特征符合有机质丰度高的细粒碎屑岩往往伴随放射性元素含量增加、岩石密度降低、声波速度降低、电阻率增大以及氢和碳含量增加的一般规律，与北美其他主要页岩产层相似，气测显示全烃含量多在10%以上，最高可达100%，且在钻井过程中发生井涌和井漏现象，如丰深1井沙四段上亚段3500～3800m页岩发育段，气测异常高达100%，井涌、井漏现象频繁出现，河160井2514～2520m处发生井漏，表明页岩及其中的裂缝发育、泥页岩中的裂缝发育、烃类普遍存在。各地区古近系泥页岩段试油一些井获得工业油气流。

#### 1. 济阳拗陷

从济阳拗陷不同地区探井的气测显示来看，沙四段上亚段、沙三段下亚段和沙一段3套页岩在一定埋深下，均表现出较高全烃含量的特征，气测显示全烃含量多在10%以上，最高可达100%，如东营凹陷的丰深1井和河160井、沾化凹陷的义170井、车镇凹陷的车571井、惠民凹陷的临98井等多口探井（图2-25），表明这3套页岩中有大量油气存在。

#### 2. 东濮凹陷

2000年钻探的文古2井，在沙三段上亚段3110～3126m井段录井时发现油迹显示13m/3层。其中钻至3114.49m发生井涌、钻井液井口外溢现象，返出以原油为主的液体60$m^3$，取心证实为泥岩裂缝含油，对泥岩裂缝显示井段进行中途测试，但效果不理想。文古2井在显示井段取心可见泥岩岩心表面和裂缝可见明显的沥青及原油，用力挤压可见原油自裂缝中渗出，证实其油藏为典型的盐间泥岩裂缝油藏。随后又在文古2井西南钻探了文300井，证实在3011.6～3185.0m井段也为泥岩裂缝含油。文留西南部的文403井在钻井过程中见到良好气测显示及多次后效显示。之后进行老井复查，发现文6井、文18井、文201井等在该段地层泥岩中也见到油斑、油浸等高级别的油气显示，预示文留构造泥页岩油气层很可能连片展布。

### （二）等温吸附模拟

#### 1. 上古生界

对上古生界野外地质剖面深黑色页岩进行了等温吸附测试，吸附气含量为1.4～

2.6$m^3$/t，山西西故县蟠龙镇太原组碳质页岩发育较好，据分析测试 TOC 为 1.0%～4.4%，吸附气含量为 2.64$m^3$/t，西仁村剖面和大风口剖面页岩样品含吸附气含量分别为 1.401$m^3$/t 和 1.46$m^3$/t（图 2-26）。

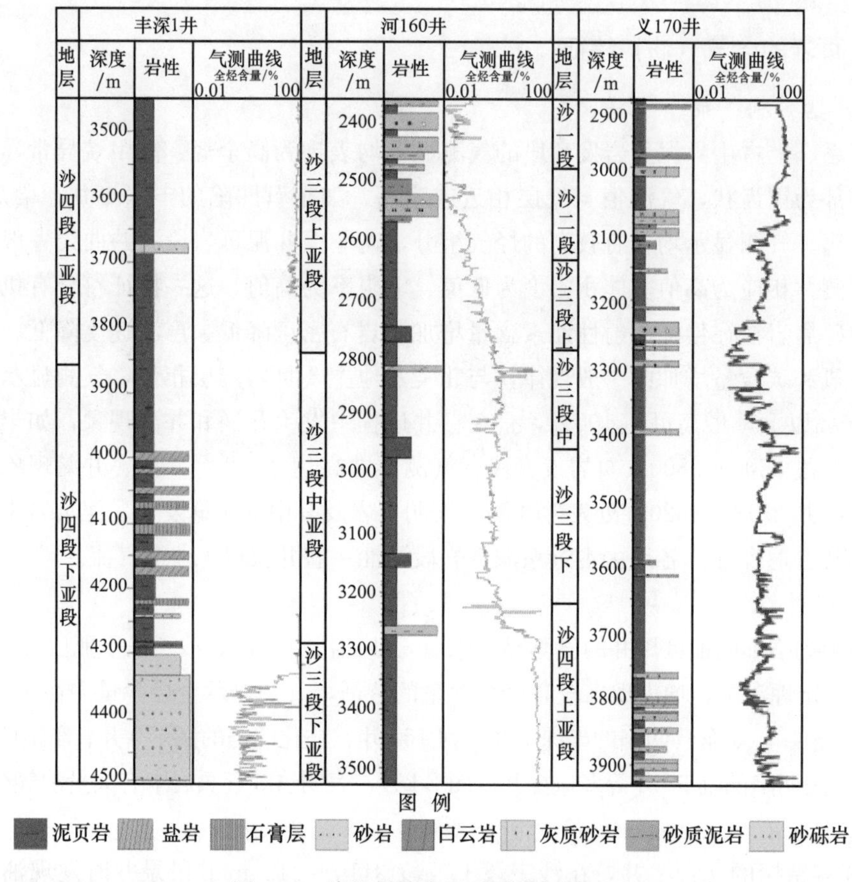


图 2-25　济阳拗陷古近系页岩气测显示

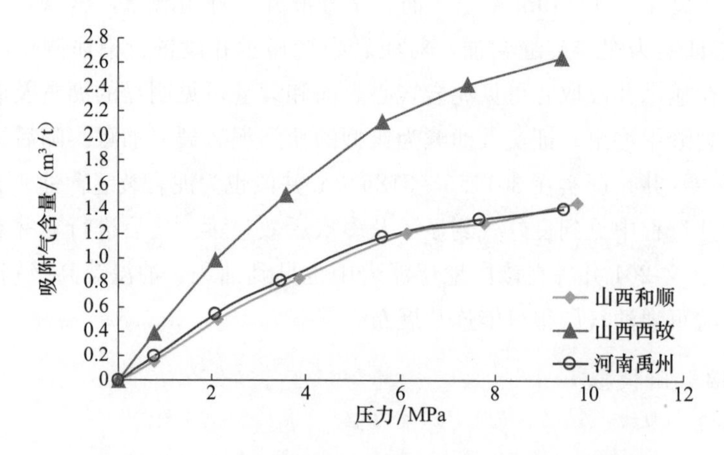


图 2-26　渤海湾盆地周缘地区上古生界页岩等温吸附曲线图

2. 中生界

济源中生界谭庄组页岩最大吸附气含量可达 1.772$m^3$/t，吸附曲线可分为四个阶段(图 2-27)：①0～3.76MPa 时为吸附气含量快速增加阶段，该阶段增速快，获得吸附气 1.005$m^3$/t，占总饱和吸附气含量的 57%；②3.76～7.77MPa 时吸附气含量增速明显减少，在该阶段仅获得吸附气含量 0.63$m^3$/t；③7.77～9.71MPa 时吸附气含量少量变化，该阶段获得吸附气含量 0.137$m^3$/t；④当压力大于 9.71MPa 时，处于饱和阶段，在该阶段吸附气含量随压力的增加不再变化。

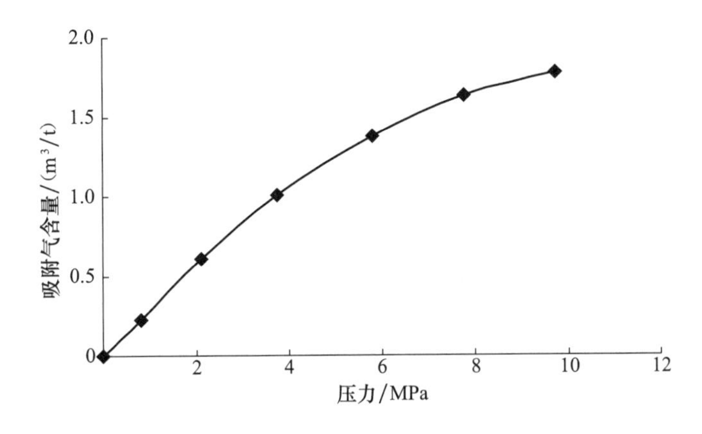


图 2-27 济源中生界谭庄组页岩等温吸附曲线图

3. 古近系

通过对东濮凹陷北部地区文古、文留构造带的濮深 18-1 井、濮深 18-8 井、卫 42 井和文 260 井 4 口井的不同深度段，共计 9 个样品进行了含气性分析测试。东濮凹陷古近系泥页岩吸附气含量为 0.499～1.835$m^3$/t，平均为 1.06$m^3$/t。

辽河西部拗陷油气区内目前等温解析实验主要包括沙二段、沙三段和沙四段所在钻井的样品，并对测试样品进行了其他相关测试分析实验。实验结果表明泥岩样品在 2MPa 的压力下，最大吸附气含量已达到最低工业标准 1$m^3$/t，而在 6MPa 的压力下，大部分超过 2$m^3$/t（图 2-28～图 2-30)。

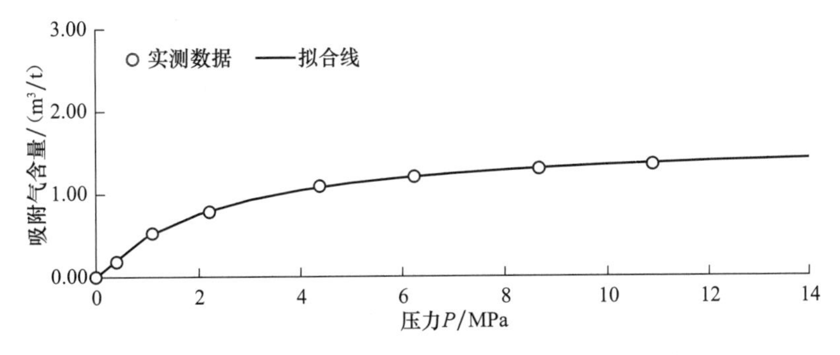


图 2-28 雷 36 井 2375m 沙三下亚段样品等温吸附实验

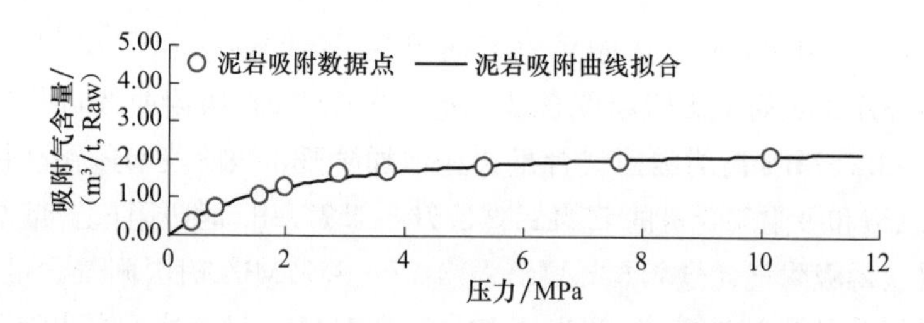


图 2-29　冷 94 井 3514.81m 沙三段等温吸附实验

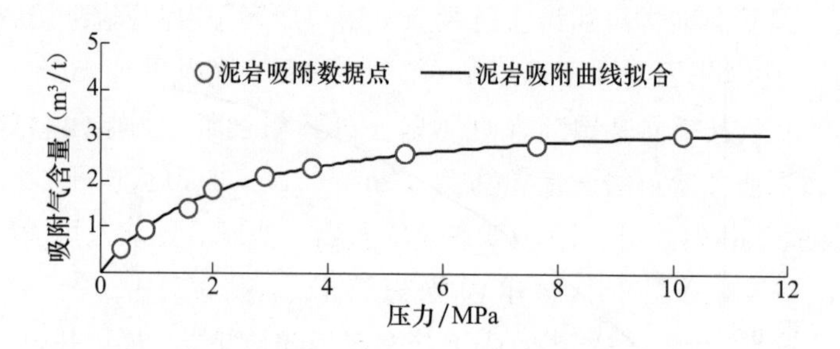


图 2-30　曙 111 井 3276.5m 沙四段等温吸附实验

（三）现场解吸

辽河凹陷：曙古 165 井位于辽河西部凹陷潜山带构造高部位，取心深度为 2735m，岩性以深灰色泥页岩为主。其中沙三段和沙四段是该区主要的泥页岩发育层位，TOC 为 2%～3%，$R_o$ 一般为 0.4%～0.6%，有机质类型主要为$Ⅱ_1$ 型，生烃强度大。录井气测全烃值在沙三段异常显示明显，全烃最高可达 20%，远高于沙一段、沙二段砂岩储层，具有很好的生烃潜力，可以作为页岩气勘探的主力层位。现场解吸实验含气量为 440mL，拟合相关系数为 0.9966，经计算含气量值为 1.4$m^3$/t，远超出最低工业标准。

雷 84 井处于辽河拗陷西部凹陷雷家地区雷 57 块，钻探的主要目的层为沙四段。对雷 84 井沙四段页岩岩心样品进行现场解吸实验，现场解吸岩心深度分别为 2744m、2761m、2776m 和 2780m。由于现场岩心描述需要，岩心取出时间和密封存在一定的时间间隔，从 1.5h 至 3h 不等，对解析的效果有一定的影响，损失气的比例相对增加。

对实验结果采用二项式和直线拟合法进行计算得到各样品的含气量。其中，2761m 深度样品的含气量为 8.6$m^3$/t；2766m 深度样品的含气量为 1.1$m^3$/t；2780m 深度样品的含气量为 11.8$m^3$/t。西部拗陷的含气量比较大，最大可达到 11$m^3$/t。

解析过程中，气体连续不间断涌现，直观地显示辽河西部凹陷页岩油气的潜力。对现场解吸出的气体进行气体组分测试分析，解析气体空气含量较低，为 6%～13%，烃类气体中，甲烷含量占绝大部分，为 83.5%～92.5%，另外还含有一定的 $C_2$、$C_3$ 等湿气，气体的密度较大，综合解释认为油伴生气。不同岩性差别很大，大套块状黑色泥岩含气量远大于层状浅灰色泥岩。

# 第三节 鄂尔多斯盆地

## 一、含气（油）页岩分布特征

### （一）下古生界含气（油）页岩有利发育层段

#### 1. 下古生界含气（油）页岩的主要发育层段

下古生界含气页岩层系主要发育于中奥陶统平凉组，属于海相富有机质含气页岩层。平凉组在盆地西缘南段可分为上平凉和下平凉两段，而在盆地西缘中段和北段又称为拉什仲组（上平凉段）和乌拉力克组（下平凉段）。下平凉段（乌拉力克组）以黑色页岩为主，以含丰富笔石为特征；上平凉段（拉什仲组）为黄绿色页岩、砂质页岩、泥质粉砂岩以及火山碎屑岩呈不等厚互层。因此，纵向上平凉组页岩自下而上颜色由深变浅，笔石含量变少，有机质含量越来越低。

通过盆地平凉组南北向剖面以及上平凉组（拉什仲组）含气页岩层系的对比（图 2-31）来看，整体上上平凉组含气页岩不发育，单层厚度一般不超过 10m；相对北部的任 3 井和南部的平凉地区发育一定厚度的富有机质含气页岩，但累计厚度不超过 50m，北部天环拗陷内天深 1 井含气页岩不发育，中部天环拗陷西缘苦深 1 井、惠探 1 井上含气页岩呈薄层状发育。

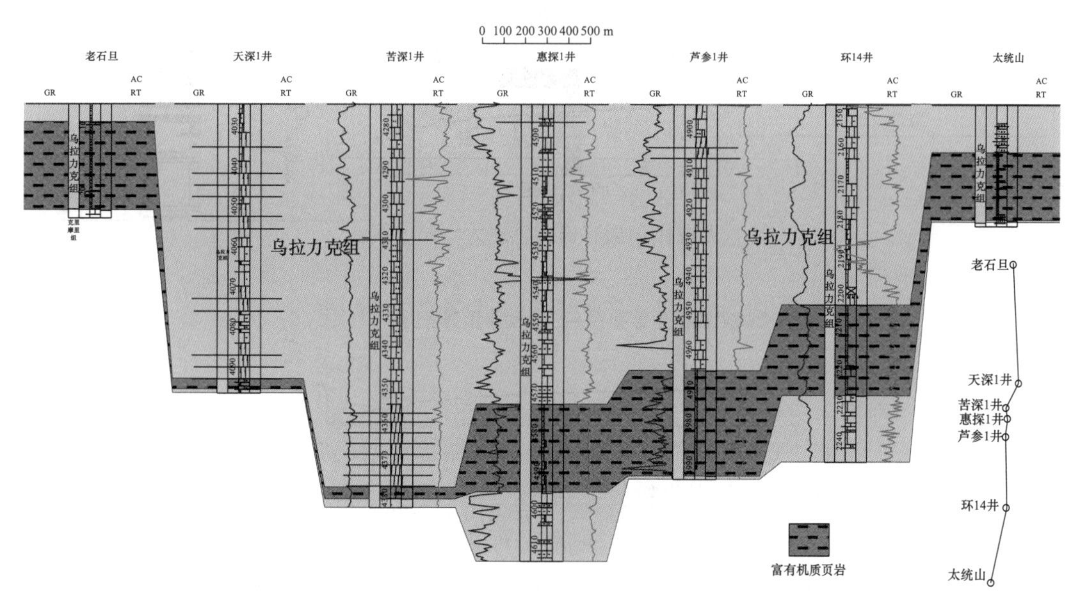


图 2-31 鄂尔多斯盆地老石旦—天深 1 井—苦深 1 井—惠探 1 井—芦参 1 井—环 14 井—太统山乌拉力克组富有机质页岩对比图

下平凉组（乌拉力克组）含气页岩层系的分布在北部老石旦剖面一线较为发育，厚度超过 35m，天深 1 井接近开阔台地沉积相带，页岩相对不发育，惠探 1 井一线发育乌拉力克组含气页岩约 30m，至南部平凉地区含气页岩达到 50m，但单层厚度较西缘北部薄，一般小于 20m（图 2-32）。

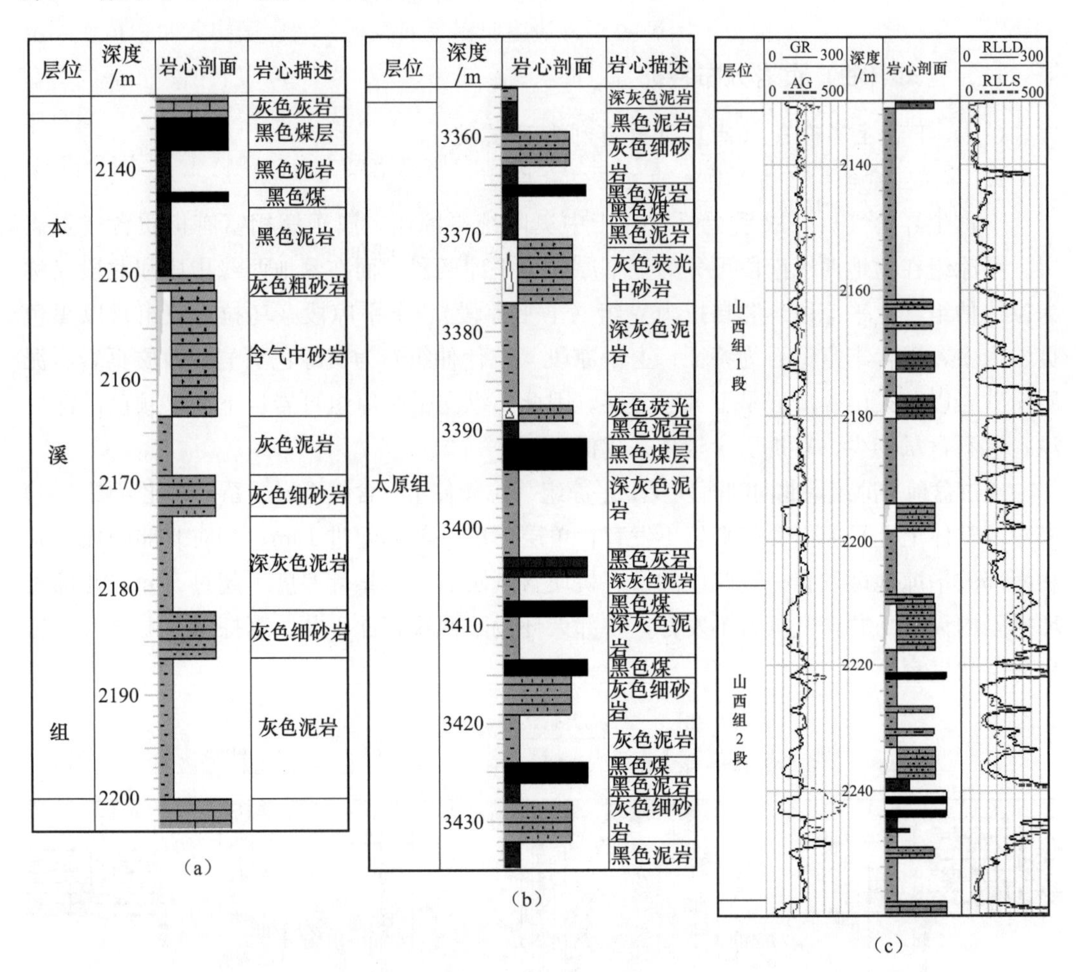


图 2-32　鄂尔多斯盆地上古生界岩性柱状图

(a) 榆 5 井；(b) 海 1 井；(c) 榆 14 井

2. 下古生界含气页岩的平面分布特征

下古生界平凉组含气页岩层系主要分布于盆地西缘和西南缘的台地前缘碎屑岩斜坡相带和深水盆地相带内，横向变化较大，沿鄂 7 井—李华 1 井—环县—龙 2 井以西至青铜峡-固原断裂含气页岩层系逐渐增厚，最厚处可达 70m，乌海桌子山—老石旦—任 3 井—惠探 1 井—平凉太统山一线及其以西地区为页岩气层系主要发育区。盆地南缘沉积相带主要为开阔台地相带、台地边缘生物礁和台地前缘碳酸盐岩斜坡相带，页岩只少量发育于碳酸盐岩地层夹层内，有机质含量低，一般在起算厚度之下。结合盆地西缘地震剖面、野外剖面调查、下古钻井资料，平凉组含气页岩层系受沉积相和后期构造运动的控制，在惠探1井和芦参1井一线埋深达到最大，超过了4500m，以惠探1井和芦参1井为中心，向南北方向埋深变浅；北部至乌海老石旦、南部至平凉银洞官庄（太统山）一带平凉组逐渐出露地表。

### （二）上古生界含气（油）页岩分布特征

#### 1. 富有机质泥页岩纵向分布特征

上古生界岩性复杂，底部以灰岩、泥岩、煤层及砂岩为主，上部以砂岩、泥岩及煤层为主，岩性互层频繁，泥岩单层厚度小，但层数多，累积厚度大(图2-32)。在研究中，以泥页岩层段为单元统计泥页岩厚度，将厚度小于3m的砂岩、煤层和灰岩与泥岩统计在一起，即以厚度大于3m的非泥页岩为隔层，将夹于其间的泥岩、薄层砂岩、薄煤层和薄层灰岩作为一个泥岩层段进行统计。将本溪组泥页岩划分为2个泥页岩层段、太原组泥页岩划分为2个泥页岩层段、山西组泥页岩划分为4个泥页岩层段。数据统计显示，上古生界泥岩单层厚度最小为1m（1m以下未统计在内），最大为64.5m，平均为4.0m；泥岩层数最小为10层，最大为53层，平均为26层；累积泥岩厚度最小为16.8m，最大为313m，平均为101.7m。山西组平均单层厚度、平均泥岩总厚度及平均泥岩层数均最大，本溪组和太原组比较接近，几项统计数据都小于山西组。

上古生界泥页岩厚度虽然比较大，但是并非所有的泥页岩都有利于页岩气成藏，以TOC大于1%为界限，同时参考气测录井资料划分有效泥页岩和普通泥页岩。纵向上，上古生界有效泥页岩厚度平均为45.7m，最小为3.5m，最大为78.3m，其中本溪组有效泥页岩厚度平均为11.8m，最小为3.5m，最大为45.5m；太原组有效泥页岩厚度平均为15.7m，最小为3.5m，最大为48.4m；山西组有效泥页岩厚度平均为20.2m，最小为4.4m，最大为47.6m。

#### 2. 富有机质泥页岩平面分布特征

在平面分布上，本溪组Ⅰ号泥页岩层段泥岩厚度平均为8.6m，略大于Ⅱ号泥页岩层段（平均为8.1m）；位于盆地斜坡带的中部及东部区域泥页岩厚度较大，一般大于10m。太原组Ⅲ号泥页岩平均厚度为10.4m，略小于Ⅳ号泥页岩厚度（平均为11.2m）；泥岩厚度较大区域位于盆地西北的天环拗陷、盆地中部及盆地南部局部区域，厚度都在10m以上。山西组Ⅵ号泥页岩平均厚度为23.7m，略小于Ⅶ号泥页岩厚度（平均为26m）；泥岩厚度较大区域位于盆地中部及东部的局部地区，Ⅶ号泥页岩在天环拗陷西侧也有分布，厚度都在10m以上。

### （三）中生界含气（油）页岩分布特征

中生界含气（油）页岩层系主要发育于延长组长九段、长七段和长四段＋长五段；尤其以长七段底部张家滩油页岩和长九段顶部李家畔油页岩最为典型，在研究区具有一定的厚度，分布较为稳定；另外俗称“细脖子段”（或高阻泥岩）的长四段＋长五段总体由泥岩、粉砂岩组成，也是中生界含气（油）页岩发育层段。

1. 长九段含气（油）页岩分布特征

盆地长九段含油（气）泥（页）岩在区域上主要分布在马家滩—盐池—吴旗—志丹—富县一带，呈北西-南东向条带状展布，有效厚度范围为 5～30m。三个厚度中心与深湖位置有所对应，区域上分别位于下寺湾区块、吴旗区块和姬塬区块，其中下寺湾区块的厚度为 20～30m，为最厚的地区。

盆地长九段含气（油）泥页岩埋深总体上为自东南向西北埋深逐渐加深，富县一带埋深为 1000～1250m，麻黄山—姬塬井区埋深在 2500m 以上，但由于构造作用，向盆地西缘方向埋深逐渐变浅，约 1750m。

2. 长七段含气（油）页岩分布特征

盆地长七段含气（油）页岩的平面分布受沉积控制，由湖盆中心向周围呈环带状变薄。长七段含气（油）页岩的平面分布存在两个沉积厚度中心，一个为下寺湾—富县一带，厚度为 40～70m，面积较大；另一个为黄池—姬塬一线，厚度为 40～50m。

盆地长七段含气（油）页岩埋深从渭北隆起带向盆地北西部逐渐加深，西 33 井—庆深 1 井—城 85 井—白 207 井—吴 93 井一线埋深约为 1750m，环 14 井—耿 68 井—盐 16 井一线埋深约为 2500m，麻黄山井区为埋深最深处，埋深超过 2500m。

3. 长四段＋长五段含气（油）页岩分布特征

盆地长四段＋长五段含气（油）页岩的平面分布受沉积控制，集中分布在盆地南缘的浅湖湖盆中心。长四段＋长五段含气（油）页岩的沉积厚度中心在正宁的正 2 井—富县的中富 28 井之间，厚度大于 25m。向南至灵台，向北向东至富县，向西至西峰，其厚度逐渐减薄。盆地长四段＋长五段含气（油）页岩埋深从富县至西峰逐渐加深，黄深 1 井—中富 27 井一线埋深约 750m，到了庄 9 井—庄 13 井一线，埋深演变为约 1500m。

## 二、页岩有机地化特征

### （一）有机质类型

1. 下古生界平凉组页岩有机质类型

有机质类型绝大多数属于Ⅰ型（占 73%），其次是$Ⅱ_1$型，$Ⅱ_2$型少见。而根据本次对平凉组野外页岩样品的热解分析表明，平凉组富有机质页岩有机质类型除太统山剖面以$Ⅱ_2$型为主，其他均为Ⅰ型干酪根类型。下古生界平凉组富有机质页岩有机质类型主要为Ⅰ型，个别为$Ⅱ_1$型和$Ⅱ_2$型。

2. 上古生界页岩有机质类型

本溪组泥岩有机质主要为$Ⅱ_2$型及Ⅲ型；太原组泥岩有机质主要为Ⅰ型、$Ⅱ_1$型，含少量$Ⅱ_2$型、Ⅲ型；山西组泥岩有机质主要为Ⅲ型，含少量Ⅰ型、$Ⅱ_1$型及$Ⅱ_2$型。

3. 中生界延长组页岩有机质类型

长四段＋长五段主要为Ⅱ-Ⅲ型，其中以Ⅱ型为主；长七段页岩Ⅰ-Ⅲ型均存在，但以Ⅱ$_1$型为主；长九段主要为Ⅱ-Ⅲ型，以Ⅱ型为主。

## （二）有机碳含量及其变化

### 1. 下古生界含气页岩有机质碳含量及其变化

平凉组泥页岩TOC平均为0.38%（图2-33，图2-34）。盆地南缘的平凉组泥页岩TOC主要为0.2%～0.3%，占50%以上，盆地西缘的泥页岩TOC平均为0.37%，高于南缘泥页岩含量。纵向上平凉组上段有机质较贫，下段有机质较富，如惠探1井乌拉力克组（相当于下平凉组）泥页岩TOC平均为0.63%，拉什仲组（相当于上平凉组）泥页岩TOC平均为0.17%。有机碳含量井上样品测试结果总体上比邻近地表露头样品高出20%～30%，从相带上来看，较深的海底扇相带中有机质丰度高于斜坡相和陆棚相。

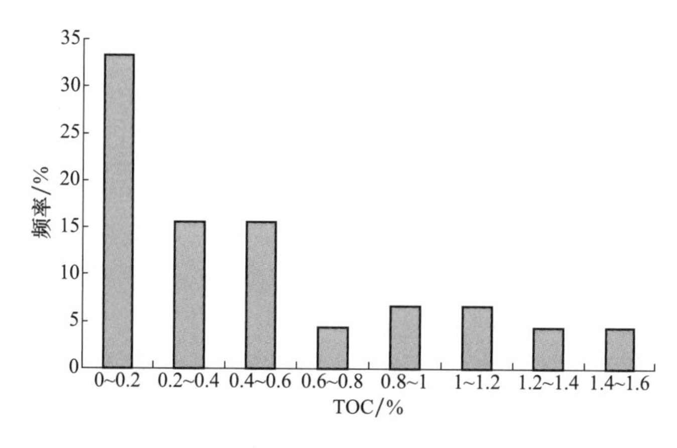


图2-33 平凉组含气页岩TOC分布图

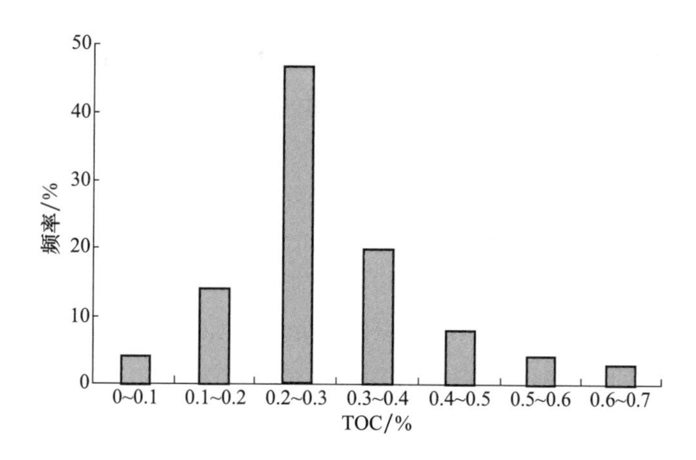


图2-34 盆地南缘钻井和野外平凉组TOC分布图（$n$=45）

平凉组有机碳含量的平面分布总体表现为北高南低的特征，北部布1井和天深1井之间有机碳含量一般为0.6%～1.4%，盆地西缘往南有机碳含量逐渐降低至0.2%以下。

2. 上古生界含气（油）页岩有机质碳含量及其变化

上古生界泥岩总 TOC 普遍较高，实测 TOC 一般为 1%～3%，平均为 3.5%；其中山西组 TOC 平均为 3.0%，太原组 TOC 平均为 4.1%，本溪组 TOC 平均为 2.7%。泥岩样品中，山西组 TOC 小于 1%的占 18.5%，TOC 为 1%～2%的占 34.2%，TOC 为 2%～3%的占 20.5%，TOC 大于 3%的占 26.8%；太原组 TOC 小于 1%的占 22.7%，TOC 为 1%～2%的占 24%，TOC 为 2%～3%的占 17.3%，TOC 大于 3%的占 36%；本溪组 TOC 小于 1%的占 38.4%，TOC 为 1%～2%的占 30.8%，TOC 为 2%～3%的占 15.4%，TOC 大于 3%的占 15.4%。

测井计算上古生界泥岩 TOC 平均含量为 2.1%，其中山西组泥岩 TOC 最小为 0.53%，最大为 6.65%，平均为 1.96%；太原组泥岩 TOC 最小为 0.54%，最大为 14.7%，平均为 2.32%；本溪组泥岩 TOC 最小为 0.5%，最大为 9.9%，平均为 1.85%。

平面上 TOC 变化趋势较为明显，本溪组泥页岩 TOC 最低为 0.5%，最高为 9.9%，平均为 1.85%。TOC 由中西部向东部增高。TOC 大于 2.0%的泥页岩位于盆地的东侧。

太原组泥页岩 TOC 最低为 0.54%，最高为 14.7%，平均为 2.32%。TOC 由中西部向东部增高，TOC 大于 2.0%的覆盖面积明显比本溪组扩大了一倍，靖边以东以及西部任 1 井和苦深 1 井附近 TOC 均大于 2.0%。

山西组泥页岩 TOC 最低为 0.53%，最高为 6.65%，平均为 1.96%。Ⅴ号小层 TOC 大于 2.0%的泥页岩主要分布在盆地的东北部，Ⅵ号小层 TOC 大于 2.0%的泥页岩主要分布在盆地的东部，中西部有零星分布。山西组Ⅵ号、Ⅶ号小层 TOC 大于 2.0%的泥页岩只分布在盆地的东部，且覆盖面积比Ⅴ号、Ⅵ号小层小很多。

TOC 平面变化特征与沉积相密切相关。上古生界泥页岩在盆地的中东部较为发育，该区域在早二叠世以海-陆过渡相沉积为主，其沼泽相较为发育，沉积区域邻近陆源碎屑物，因而沉积物中富含陆源碎屑物，导致该区域泥页岩中 TOC 比盆地其他区域明显偏高。

3. 中生界含气（油）页岩有机质碳含量及其变化

延长组长九段、长七段、长四段＋长五段含气（油）页岩残余有机碳含量普遍较高，一般大于 1%，总体呈现出较高的有机质丰度的特点。延长组长四段＋长五段 TOC 为 0.51%～16.73%，主要分布在 1%～1.5%和 2.5%～3%，平均为 2.12%；长七段 TOC 为 0.51%～22.6%，主要分布在 1%～2%和＞7%，平均为 3.29%；长九段 TOC 为 0.391%～4.2%，主要分布在 0.5%～1%，平均为 1.36%。

延长组泥页岩的 TOC 主要集中在 0.32%～3%，平均为 2.68%（图 2-35）。纵向上看，延长组长七段泥页岩的有机质丰度较长四段＋长五段和长九段好。

总体来看，延长组长四段＋长五段含气（油）泥页岩 TOC 相对较低，范围一般为 1%～3.5%，主要集中于 2%～3%，与厚度分布不太一致。盆地长七段含气（油）泥页岩 TOC 的变化受沉积相的控制，其分布趋势与长七段含气（油）泥页岩厚度分布有较好的一致性，TOC 平均为 3%～8%。盆地长九段含气（油）泥页岩 TOC 仍然受沉积相

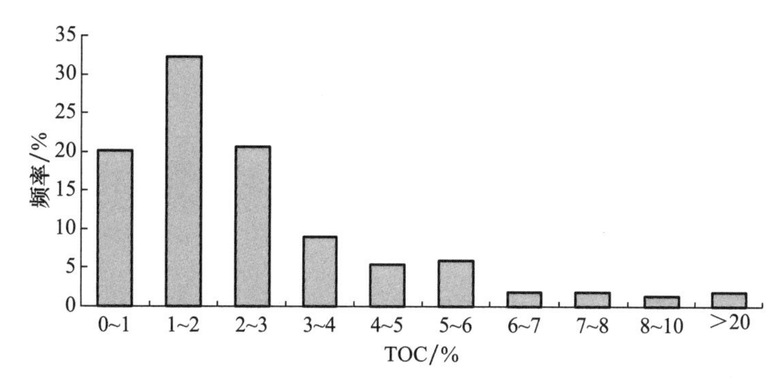


图 2-35 延长组泥页岩 TOC 直方图（$n=204$）

控制，与页岩厚度分布具有一致性，其 TOC 主要分布于 0.5%～5%，TOC 高值中心在安塞-下寺湾-富县区块，是长九段含气（油）泥页岩沉积最深的地区。

（三）有机质成熟度

1. 下古生界平凉组含气页岩有机质成熟度分布特征

整个盆地下古生界平凉组含气页岩发育区有机质成熟度总体上达到成熟-过成熟阶段；棋探 1 井至惠探 1 井、马家滩一带 $R_o$ 达 1.9%～2.1%，在盆地西缘南段平凉地区 $R_o$ 为 1.5%～1.7%。

由于热演化程度偏高，南缘平凉组泥页岩现今生烃潜力很低，说明已基本经历了供烃成藏的地质历史过程；而西缘平凉组泥页岩热演化程度既有属于高成熟-过成熟阶段的（已经历过强烈生烃），也有处于生油窗范围的，还有仍为低成熟阶段者（平凉以西地区）。

2. 上古生界含气（油）页岩有机质成熟度分布特征

本溪组泥岩 $R_o$ 平均为 1.52%，平面上，构造主体部位自西向东、自南向北成熟度逐渐减小，最大值位于靖边以南区域，高达 2.0%以上中央隆起带以西，$R_o$ 较小，一般小于 1.0%，平均为 0.8%左右，自南向北呈增大趋势；太原组泥岩 $R_o$ 平均为 1.5%，总体趋势和本溪组一致，沿庆阳、华池、吴起和靖边一带 $R_o$ 较高，最高达到 2.0%以上，向四周逐渐变小；山西组泥岩 $R_o$ 平均为 1.46%，除庆阳、华池、吴起和靖边一带外，天环拗陷北部成熟度也较高，向东南西北四个方向逐渐减小。

3. 中生界延长组含气（油）页岩有机质成熟度分布特征

延长组含气（油）页岩 $R_o$ 为 0.5%～1.3%，总体上属于一套未成熟-成熟演化阶段。

长九段含气（油）泥页岩 $R_o$ 主要分布于 0.6%～1.2%，黄 25 井—盐 16 井—耿 68 井一线达到 1%以上，延长油矿-富县区块为演化程度最高区，$R_o$ 大于 1.1%。

长七段含气（油）泥页岩 $R_o$ 分布于 0.7%～1.2%，总体上与现今埋深不完全对应。两个 $R_o$ 达到 1.5%以上的高值区，一个在延安、富县至宜川区域，最高可达到 1.2%以上；另一个在天环拗陷南部一线至镇泾区块，$R_o$ 值大于 1.0%。值得提及的是吴旗—白豹—庆阳一线，呈南北向为热演化相对低值区，$R_o$ 分布于 0.8%～0.9%。

长四段+长五段含气（油）泥页岩 $R_o$ 为 0.6%～0.95%，总体上从富县区块到盆地南缘逐渐减小。现今埋深是由盆地黄陵、正宁一线向城川方向逐渐加深，$R_o$值与埋深不完全对应。

## 三、页岩储层特征

### （一）岩矿特征

#### 1. 下古生界平凉组含气页岩岩矿特征

下古生界平凉组野外含气页岩的脆性矿物组合（石英＋长石＋碳酸盐岩＋黄铁矿）共占72%，以石英为主（占57%）。黏土矿物以伊利石和绿泥石为主。野外剖面太统山和老石旦样品的矿物组合含量变化不大，脆性矿物约占77%，伊利石黏土矿物约占15%，绿泥石黏土矿物约占3.5%；石板沟为拉什仲组（上平凉组），与其他剖面显示不一样的矿物组合含量特征，脆性矿物组合含量占50.8%，黏土矿物中绿泥石的含量较其他剖面多。

#### 2. 上古生界含气（油）页岩岩矿特征

上古生界泥岩以黏土矿物为主，平均含量为52.3%，石英、长石次之，平均含量为41.2%，碳酸盐及其他矿物占6.5%（图2-36）。

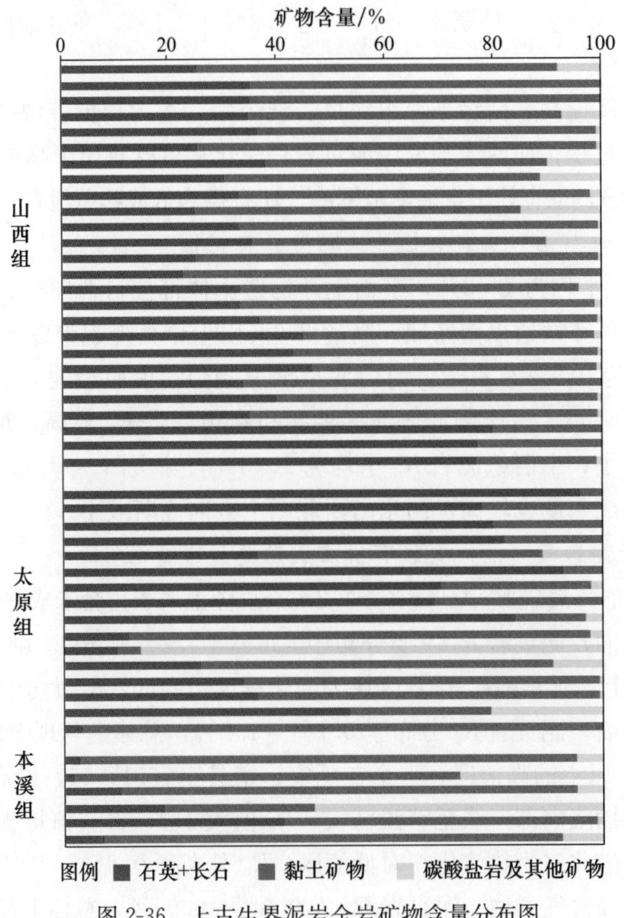


图2-36　上古生界泥岩全岩矿物含量分布图

上古生界泥岩矿物组成说明本溪组泥岩黏土矿物含量最高，山西组次之，太原组最低，而太原组泥岩中石英和长石等脆性矿物含量最高，山西组次之；太原组和山西组泥岩较高的石英、长石含量说明其具有较强的脆性，有利于岩层压裂产生裂缝；而黏土矿物含量高，则表明泥岩的微孔隙较为发育。

3. 中生界延长组含气（油）页岩岩矿特征

延长组含气（油）页岩的矿物成分以石英、长石（斜长石和钾长石）、碳酸盐岩（方解石和白云石）、黄铁矿及黏土矿物为主。石英平均含量为27%（21%～27%），长石平均含量为16%（14%～49%），碳酸盐岩平均含量为5%（1%～6%），黄铁矿平均含量为5%（0%～5%），黏土矿物总量平均为47%（24%～55%）。延长组含气（油）页岩的黏土矿物为蒙皂石、伊利石、绿泥石和伊蒙混层的组合，以伊利石和绿泥石为主。其中，蒙皂石平均含量为1%（1%～6%），伊利石平均含量为25%（7%～27%），绿泥石平均含量为13%（9%～27%），伊蒙混层平均含量为6%（0%～7%）（图2-37）。

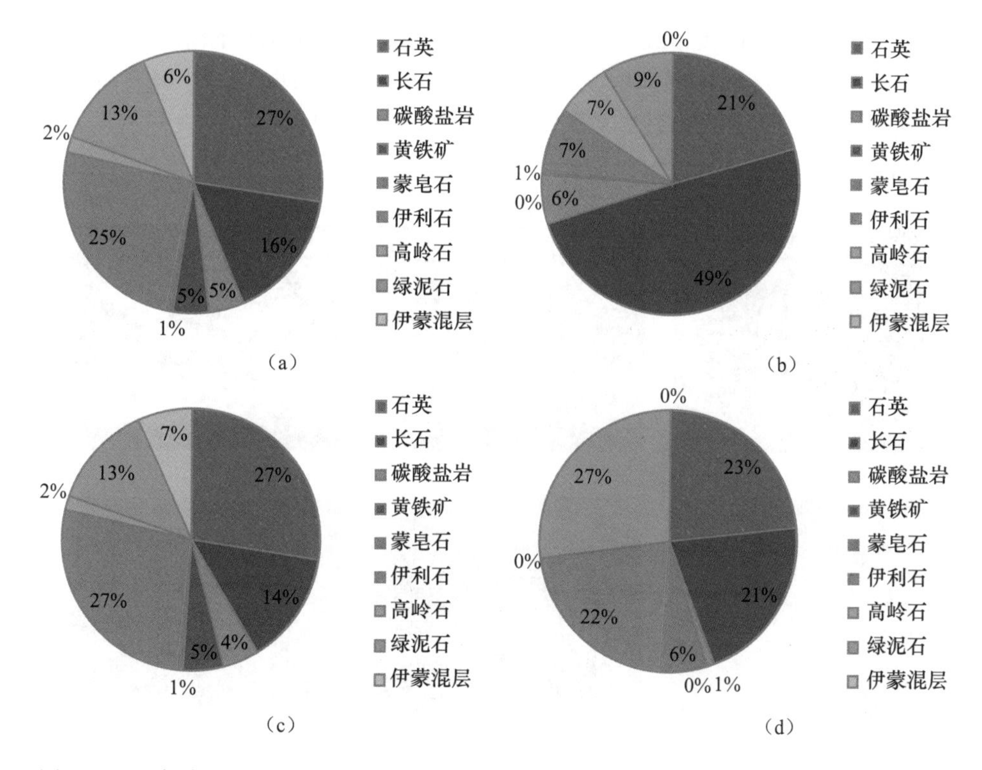


图2-37 鄂尔多斯盆地延长组长四段+长五段、长七段、长九段泥页岩储层矿物成分饼图

(a) 延长组；(b) 长四段+长五段；(c) 长七段；(d) 长九段

纵向上，延长组的矿物组合及含量在三套泥页岩层系中有变化，长四段+长五段的脆性矿物含量大于70%，岩性组合为石英+长石+伊利石+绿泥石；长七段脆性矿物含量大于35%，岩性组合为石英+长石+伊利石+绿泥石、石英+伊利石+绿泥石两类；长九段脆性矿物与含量大于35%，岩性组合为石英+长石+伊利石+绿泥石。

纵向上，延长组泥页岩黏土矿物以伊利石和绿泥石为主，整体处于晚成岩期。高岭石含量表现为长四段+长五段>长七段>长九段；绿泥石含量表现为长四段+长五段<长七段<长九段；伊蒙混层在长四段+长五段尚未出现，在长七段含量较多，到了长九段时，伊蒙混层含量变少，伊利石含量增多。由此可知，成岩演化程度为长四段+长五段<长七段<长九段。

### （二）岩石类型

#### 1. 下古生界平凉组含气页岩岩石类型

下古生界平凉组含气页岩主要发育黑色笔石页岩、深灰色笔石页岩、深灰色页岩、灰绿色页岩、灰绿色粉砂质页岩、灰绿色含笔石粉砂质页岩、深灰色灰质页岩、黄色粉砂质页岩、紫红色页岩等多种类型。平凉组页岩脆性矿物含量高，有机质含量低，有机质往往以条带状平行纹层、斑点状分散不均或微裂缝充填等方式赋存于页岩中。

#### 2. 上古生界含气页岩岩石类型

上古生界属于海陆过渡相沉积，岩石类型种类较多，主要有碳酸盐岩、砂岩、泥岩及煤层等。根据含砂量的不同泥岩又主要分为粉砂质泥岩和纯泥岩；因有机质含量不同，泥岩呈现不同颜色，从浅到深分为灰白色泥岩、灰色泥岩、深灰色泥岩、灰黑色泥岩及黑色泥岩；有机质含量越高，泥岩颜色越深（图 2-38）。

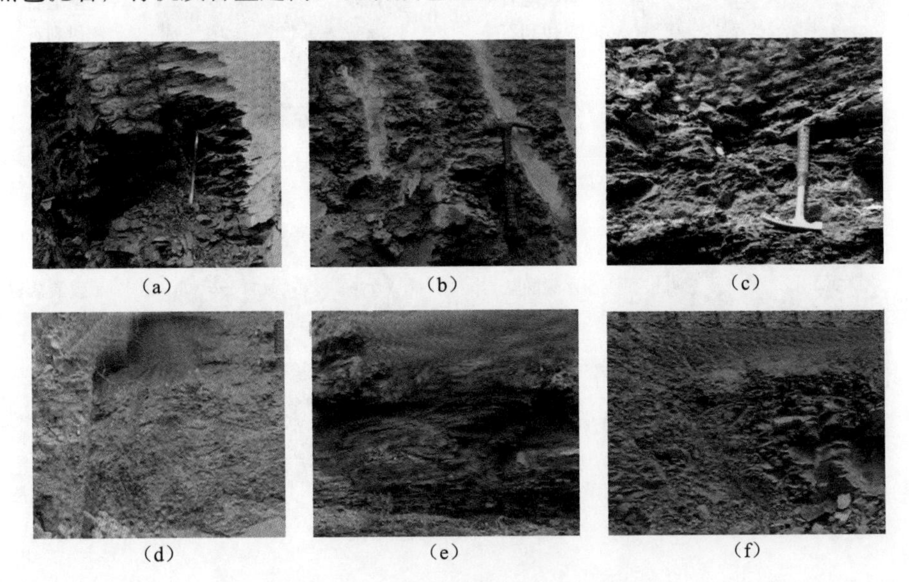

(a)　(b)　(c)
(d)　(e)　(f)

图 2-38　上古生界野外泥页岩类型

(a) 成家庄本溪组泥岩；(b) 成家庄太原组泥岩；(c) 扒楼沟山西组泥岩；
(d) 台头镇本溪组泥岩；(e) 台头镇太原组泥岩；(f) 台头镇山西组泥岩

#### 3. 中生界延长组含气（油）页岩岩石类型

纵向上长四段+长五段页岩以灰色、深灰色纹层状泥页岩、泥质粉砂岩为主，脆性矿物主要为石英，含量较高，有机质含量相对较少；长七段页岩以灰黑色、黑色纹层状泥页岩和粉砂质泥岩为主，脆性矿物主要为石英，含量高，一般超过 30%，有机质含量最高；长九段页岩以深灰色、黑色粉砂质泥页岩为主，脆性矿物主要为石英，含量相对长四段+长五段、长七段偏低。

（三）物性特征

1. 下古生界平凉组含气页岩物性特征

1）孔隙类型

下古生界平凉组含气页岩储层微观孔隙类型主要见粒间微孔、粒内微孔、晶间微孔、片理缝和微裂缝等。

平凉组孔隙孔径统计表明其孔隙空间类型以晶间微孔为主，占 64%，其次为粒间微孔，占 27%，其他孔隙类型比例较小，总共不足 10%。各类孔隙孔径大小主要分布在 0～6μm，以小于 4μm 为主（图 2-39）。不同类型孔隙在扫描电镜下孔径统计结果表明，粒间微孔孔径最大，平均孔径接近 30μm，其他类型孔隙平均孔径均在 1μm 以下。

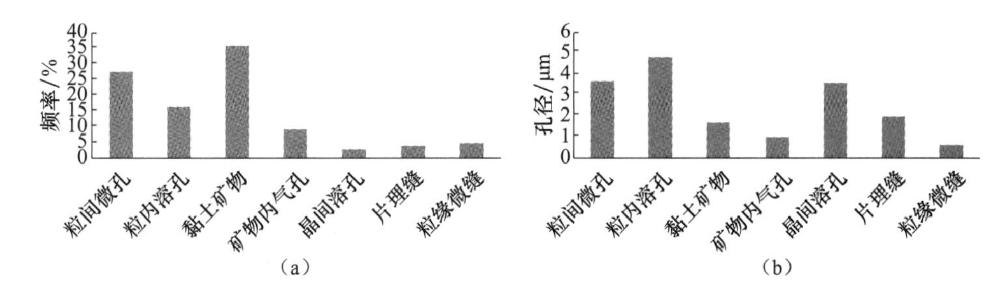


图 2-39 平凉组含气页岩孔隙类型及孔径大小统计图

（a）平凉组野外页岩样品孔隙类型（$n$=252）；（b）平凉组野外页岩样品孔径大小（$n$=252）

2）孔、渗特征

根据气体法测得平凉组含气页岩储层孔隙度主要分布范围为 1%～3%（图 2-40）。平凉组含气页岩储层物性受岩性变化控制，其中黑色碳质泥岩和灰黑色泥岩孔隙度一般大于 2.5%，平均为 3.5%，其他岩性内孔隙度一般小于 1.5%，平均小于 2%(图 2-41)。

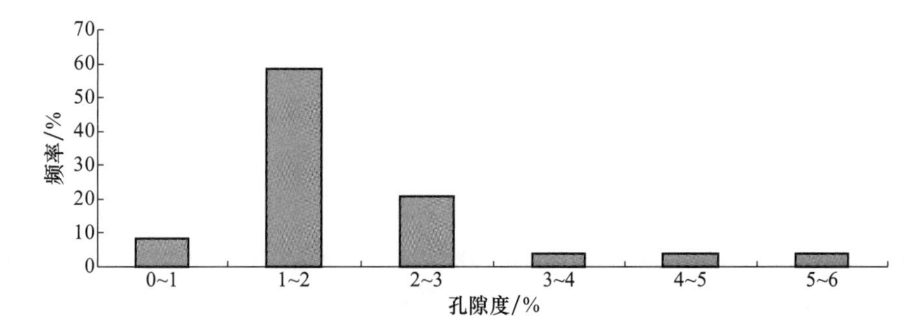


图 2-40 平凉组富有机质页岩孔隙度分布图

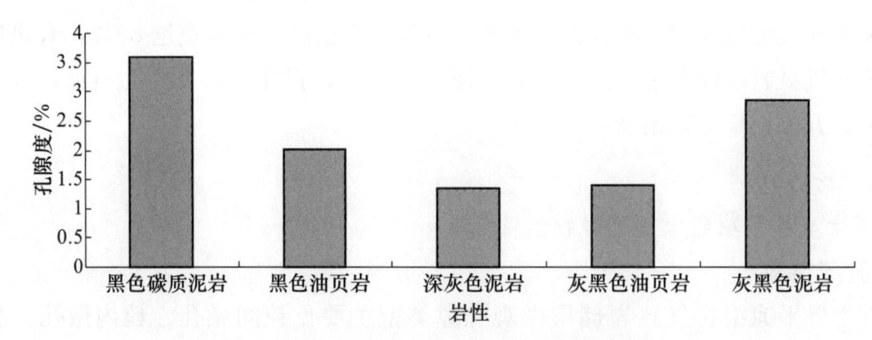


图 2-41 平凉组不同岩性孔隙度分布图

2. 上古生界含气页岩物性特征

1）孔隙度

上古生界泥岩孔隙度较低，分析测试结果中孔隙度小于 4%的样品占 70%，孔隙度为 1%～4%的占 50%以上；三个层段中，太原组泥岩孔隙度略高，平均为 4.7%，山西组泥岩平均孔隙度为 4%，与本溪组相似（3.9%）（图 2-42）。

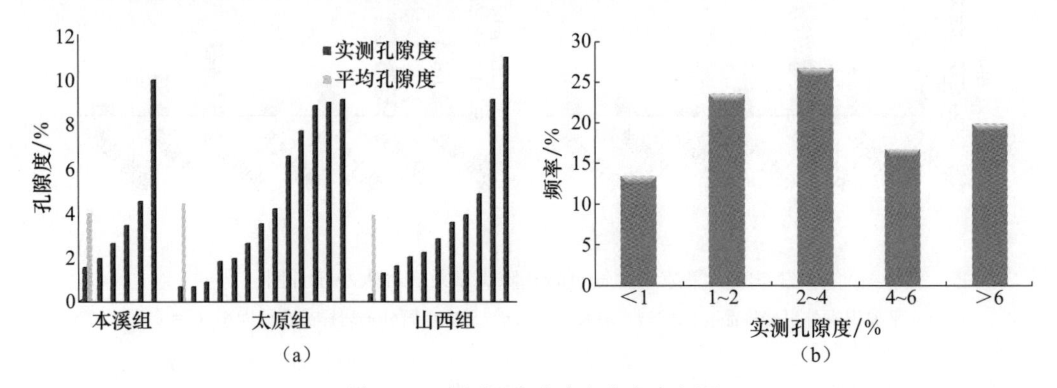


图 2-42 实测泥岩孔隙度分布直方图

测井解释结果统计，鄂尔多斯盆地上古生界泥岩孔隙度平均为 1.9%，最小为 0.5%，最大为 12.1%；其中本溪组泥岩孔隙度平均为 1.6%，最小为 0.5%，最大为 9.9%；太原组泥岩孔隙度平均为 2.1%，最小为 0.5%，最大为 8.5%；山西组泥岩孔隙度平均为 1.8%，最小为 0.5%，最大为 12.1%。分析实测孔隙度和测井孔隙度之间的关系，可以看到二者之间有较好的相关性。

上古生界泥岩孔隙度在平面上变化趋势较为复杂。本溪组泥岩孔隙度在陕北斜坡带的东南部较大，其中孔隙度较大的区域主要位于定边—靖边—绥德一线及延安以西和北部神木—府谷附近，其孔隙度一般为 4%～6%，最大可达 7%以上；向西北方向逐渐变小，一般孔隙度小于 2%。太原组泥岩孔隙度在盆地西南—东北方向较大，盆地中部孔隙度较盆地边缘大，孔隙度较大区域位于靖边西北、绥德以西及神木西南方向，孔隙度一般为 3%～5%，其余区域孔隙度一般为 1%～3%。山西组泥岩孔隙度为 0.5%～12.1%，盆地中北部Ⅴ号泥岩孔隙度较大，Ⅵ号泥岩孔隙度在全区都比较大，孔隙度多大于 2.0%，Ⅶ号泥页岩孔隙度由中部向两侧增大，在盆地南部和东北部较大，Ⅷ号泥页岩在伊盟隆起以南和延安以西孔隙度大于 2.0%。

2）渗透率

上古生界泥岩渗透率极低，常规化验分析结果显示，渗透率主要集中于 0.02～0.2mD 范围内，最小为 0.0005mD，最大为 0.12mD，平均为 0.037mD（图 2-43）；脉冲渗透率化验分析结果为 0.0002～0.00054mD（图 2-44）。

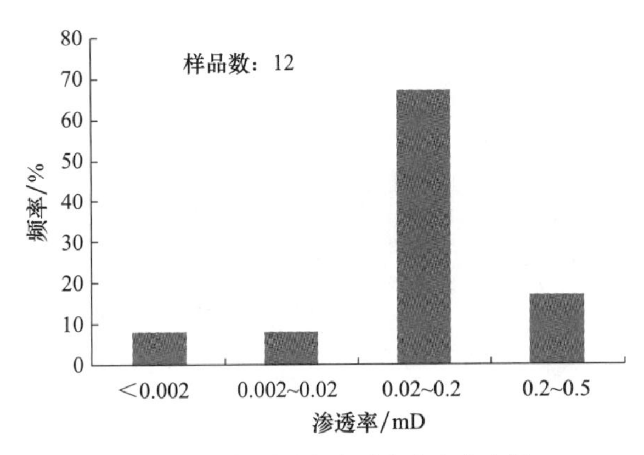


图 2-43 实测泥岩渗透率分布直方图

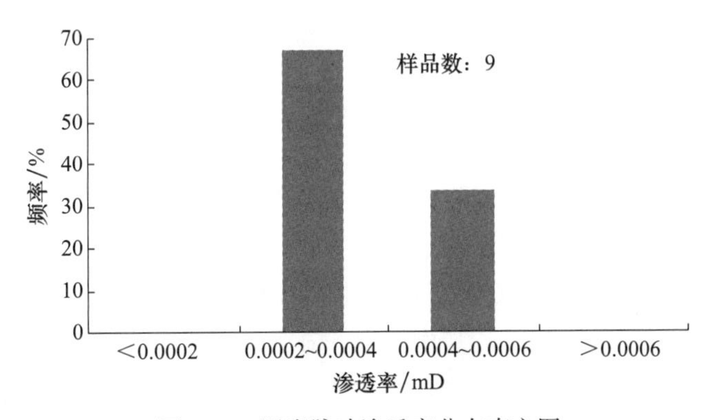


图 2-44 泥岩脉冲渗透率分布直方图

3）比表面积

上古生界泥岩的比表面积平均为 7.78$m^2$/g，表明泥岩均具有较强的吸附能力。

4）微孔隙

鄂尔多斯盆地上古生界泥岩微孔隙发育，微孔隙主要有以下几种（图 2-45）。

溶蚀孔：主要为长石等矿物颗粒溶蚀后形成的孔隙，一般孔隙直径为 1～10μm；有机质内孔隙：由有机质特殊结构形成的孔隙，多成蜂窝状，微孔隙多以此类为主，孔隙较为发育，孔隙直径一般为 1～30μm；黏土矿物微孔隙：由黏土矿物成岩作用过程中形成的微孔隙，孔隙较为发育，孔径相对较小，多为 0.5～1μm，个别可达 5～10μm；微裂缝：上古生界泥岩中发育有裂缝，一般缝宽 10～100μm，多被硅质或钙质胶结。

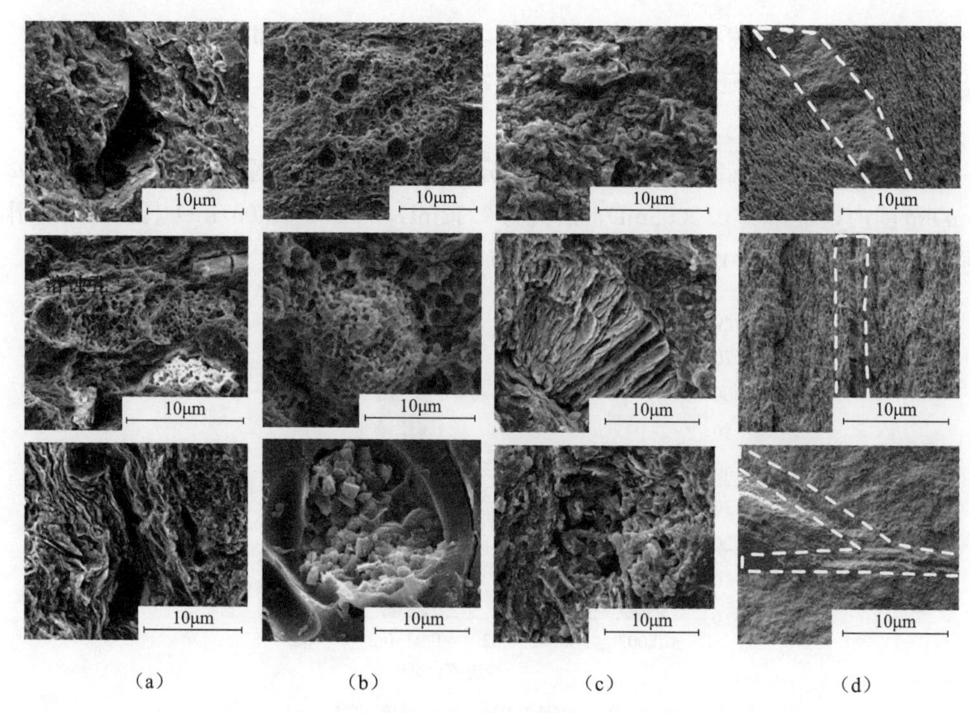


图 2-45　上古生界泥页岩中扫描电镜下的微孔隙

(a) 溶蚀孔；(b) 有机质内孔隙；(c) 黏土矿物内孔隙；(d) 微裂缝

3. 中生界延长组含气页岩物性特征

1）孔隙类型

延长组主要的孔隙类型可分为两大类：无机孔隙，即矿物颗（晶）粒间（内）孔隙；有机孔隙，即出油孔隙、气孔。

延长组泥页岩共统计孔隙 696 个，包括井下和野外的所有样品。其主要的孔隙空间类型以粒间微孔为主，约占 28%，其次是黏土矿物晶间孔，约占 22%，再次是晶间溶孔，约占 15%，有机质内气孔占 10%，是主要的孔隙空间类型之一（图 2-46）。

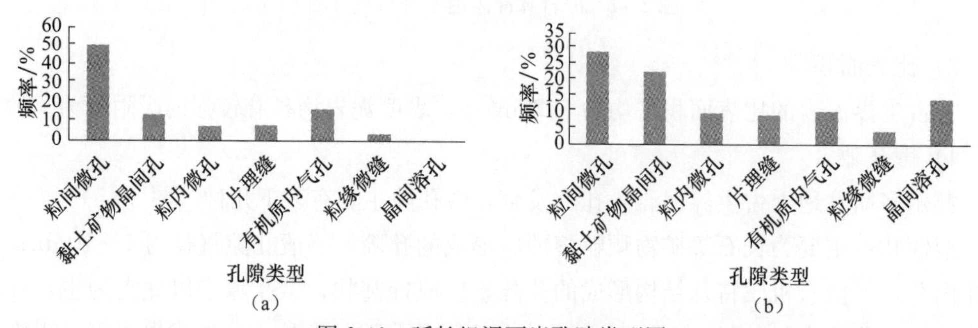


图 2-46　延长组泥页岩孔隙类型图

(a) 延长组井下页岩样品孔隙类型（$n$=174）；(b) 延长组页岩样品孔隙类型（$n$=696）

根据扫描电镜分析，不同孔隙空间类型直径大小的统计结果，延长组长四段+长五段泥页岩粒间微孔直径最大，平均为 2.67μm。长七段泥页岩各种孔隙类型的平均直径大于 0.5μm，为大孔。其中粒间微孔的直径最大，平均为 1.8μm，其次为晶间溶孔，平均为 1.3μm，有机质内气孔的平均直径约 0.65μm。长九段泥页岩各种孔隙类型的平均直径大于 0.2μm，为大孔。其中黏土矿物晶间孔最大，平均为 2.7μm，其次为粒内微孔，平均为 2.1μm，有机质内气孔的平均直径为 0.91μm，与长七段相当（图 2-47）。

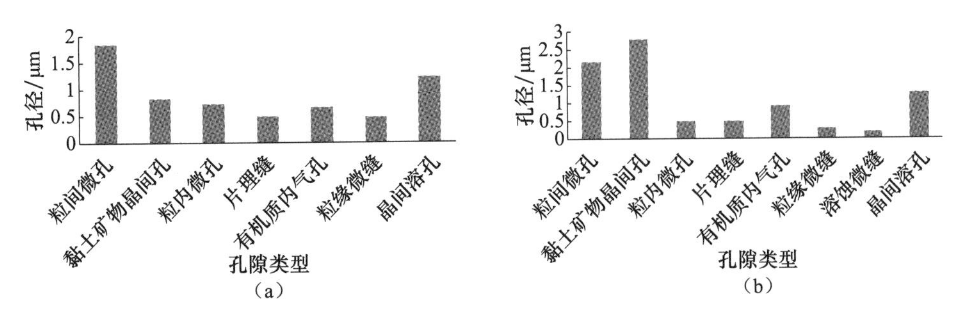


图 2-47 长七段和长九段泥页岩孔隙直径大小图

(a) 长七段页岩样品孔径（$n$=620）；(b) 长九段页岩样品孔径（$n$=60）

延长组井下样品中以粒间微孔的直径最大，平均为 2.3μm，其次是片理缝和粒缘微缝的直径，平均为 1.3μm，有机质内气孔的平均直径约 0.7μm（图 2-48）。延长组所有样品的不同孔隙空间类型的直径从大到小依次是粒间微孔（2.1μm）、晶间溶孔（1.4μm）、黏土矿物晶间孔、粒缘微缝、粒内微孔、有机质内气孔和片理缝。由此可知，在泥页岩储层中主要的孔隙空间类型是粒间微孔、晶间溶孔和黏土矿物晶间孔等无机孔隙，矿物的成分和含量对孔隙类型有控制作用，溶蚀作用可以明显地增加储集空间，而有机孔隙只在特定的层段出现，该有机质内气孔群对增加泥页岩储层的储集空间有明显的意义。

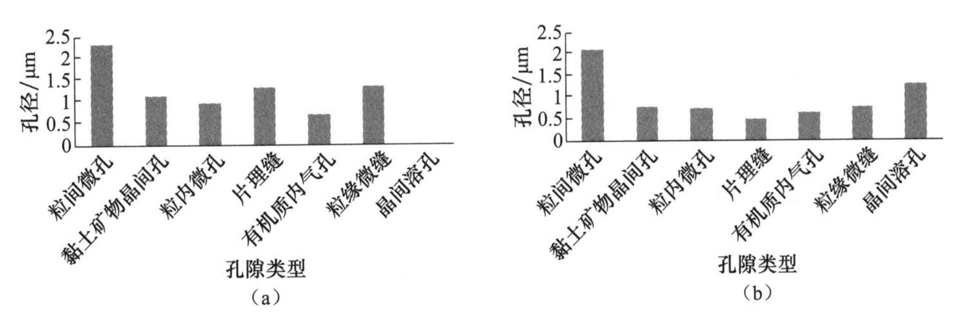


图 2-48 延长组井下泥页岩样品孔径图

(a) 延长组井下页岩样品孔径（$n$=174）；(b) 延长组页岩样品孔径（$n$=696）

2）孔、渗特征

中生界延长组长七段井下泥页岩储层段收集和测试的孔隙度资料共计 338 件，渗透率资料共计 312 件。研究区延长组长七段的泥页岩物性特征为：研究区的孔隙度范围为

0.1%～13.14%，平均为4.69%；基质渗透率范围为$0.003\times10^{-3}$～$1.49\times10^{-3}\mu m^2$，平均为$0.157\times10^{-3}\mu m^2$。研究区延长组长七段泥页岩储层总体上为低孔、低渗的特征。

根据中生界不同地区的孔隙度值，彬长地区长七段泥页岩储层孔隙度为0.73%～13.14%，平均为6.72%；下寺湾地区长七段泥页岩储层孔隙度为0.75%～11.68%，平均为3.94%，高于研究区平均值4.69%，为孔隙发育较好的两个地区。而富县地区长七段泥页岩储层孔隙度为0.1%～2.4%，平均为0.82%；镇泾地区长七段泥页岩储层孔隙度为0.89%～1.9%，平均为1.21%，为孔隙发育较差的两个地区。

根据中生界不同地区的渗透率值，彬长地区长七段泥页岩储层基质渗透率为$0.043\times10^{-3}$～$1.49\times10^{-3}\mu m^2$，平均为$0.225\times10^{-3}\mu m^2$，高于研究区平均值$0.157\times10^{-3}\mu m^2$，为基质渗透性较好的地区。镇泾地区长七段泥页岩储层基质渗透率为$0.0086\times10^{-3}$～$0.083\times10^{-3}\mu m^2$，平均为$0.046\times10^{-3}\mu m^2$，为基质渗透性较差的地区。

根据中生界泥页岩储层孔隙度、渗透率分布直方图，长七段井下泥页岩储层的孔隙度一般为1%～5%，占51.9%，分布表现为单峰，峰位在2%～3%，占25.4%（图2-49）；长七段井下泥页岩储层的渗透率分布表现为双峰，峰位分别在$0.003\times10^{-3}$～$0.02\times10^{-3}\mu m^2$和$0.1\times10^{-3}$～$0.4\times10^{-3}\mu m^2$，分别占27.9%和34%。

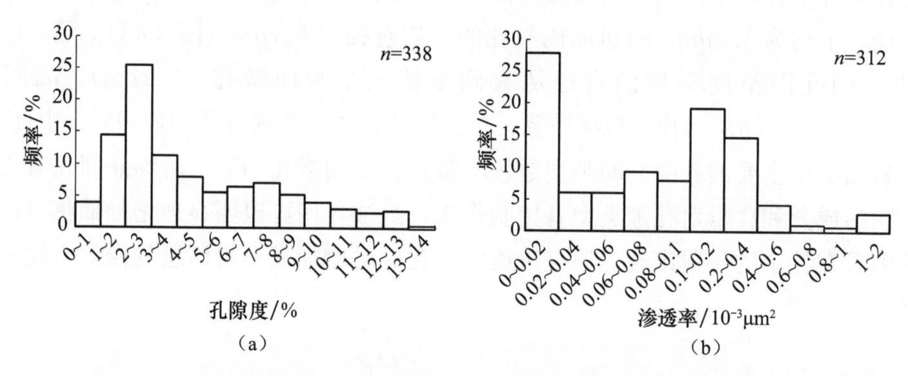


图2-49 研究区长七段泥页岩储层孔隙度、渗透率分布直方图

（a）孔隙度分布直方图；（b）渗透率分布直方图

## 四、页岩含气（油）特征

### （一）上古生界含气（油）特征

#### 1. 测井及录井特征

1）含气页岩测井特征

鄂尔多斯盆地上古生界岩性主要有泥岩、砂岩、煤层和碳酸盐岩，各类岩性在测井曲线上表现出较大的差异，通过测井曲线交汇图分析，可以将各类岩性区分开。

鄂尔多斯盆地富有机质泥岩密度测井曲线值一般为2.2～2.7g/cm³，自然伽马为100～150API，声波时差AC为220～260μs/m。而富含有机质的含气页岩，其测井曲线特征与一般泥页岩有较为明显的差别，含气页岩较一般泥页岩有较低的自然伽马值、较高的电阻率值，而两种泥页岩在声波时差上并无明显的区别。

2）富有机质泥页岩气测录井特征

鄂尔多斯盆地上古生界富有机质泥页岩地层的气测录井资料常有异常高值现象，如陕265井3397～3402m井段（本溪组）和召21井3123～3128m井段（山西组）明显气测显示高异常值，有油气显示，表明该井段页岩中含有页岩气的可能性较大。

2. 等温吸附模拟

1）吸附气与有机碳的关系

鄂尔多斯盆地上古生界埋藏深度较大（其中本溪组平均埋深为3064m、太原组平均埋深为3030m、山西组平均埋深为2980m），以盆地平均地温梯度2.5℃/100m计算，地层温度平均为95.6℃。通过不同样品模拟接近地层温度（90℃）时的等温吸附实验，得到不同TOC样品的等温吸附曲线（图2-50～图2-52）及其Langmuir参数。

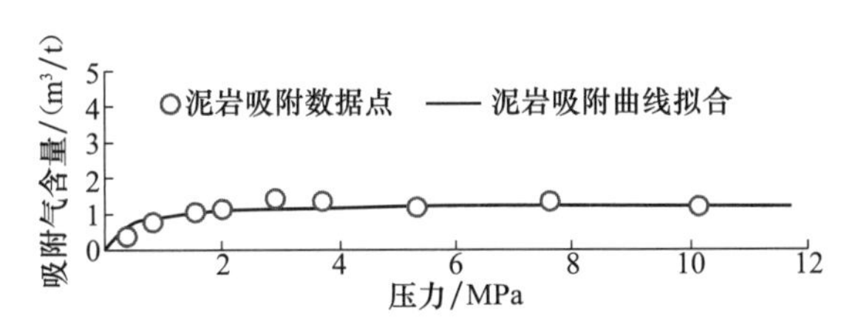


图2-50　本溪组泥岩等温吸附曲线

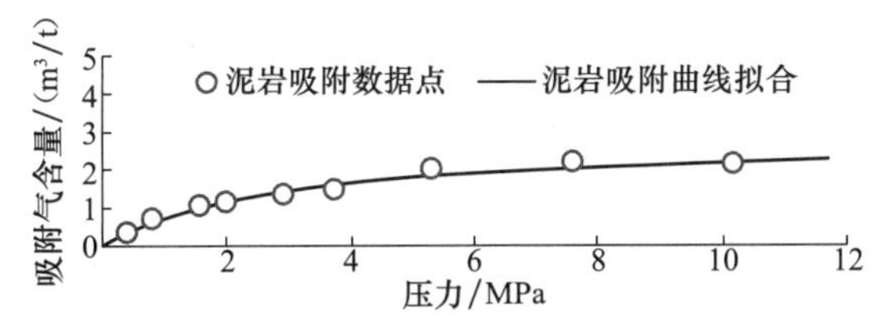


图2-51　太原组泥岩等温吸附曲线

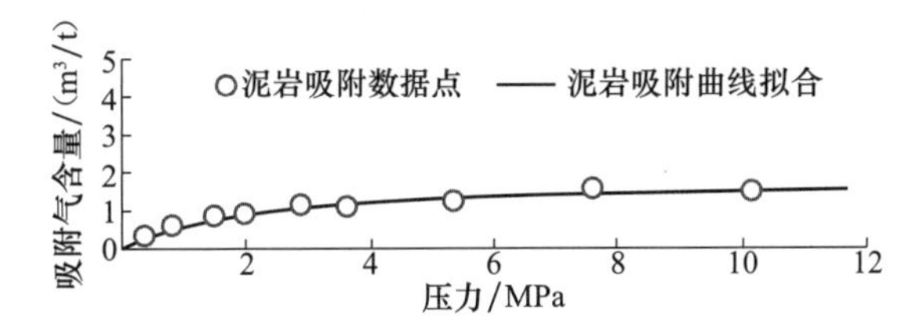


图2-52　山西组泥岩等温吸附曲线

2）吸附气含量的求取

当地层埋深温度没有超过80℃时，可通过采样点深度对应的温度来做该温度条件下的等温吸附实验，目前的等温吸附实验所给的压力大都不超过12MPa，实际的地层压力要超过这个数值，所以还不能在等温吸附曲线上读到地层压力下的吸附气含量，此次通过拟合公式计算吸附气含量。首先用该温度条件下不同压力值和对应的吸附气含量之间拟合成公式（图 2-53），如 Y88-05 样品，60℃条件下，$y=0.3925\ln x+0.4633$，$R^2=0.9806$，其中，$y$ 为吸附气含量（$m^3/t$），$x$ 为压力（MPa），$R^2$ 为相似系数，再用该样品深度对应的地层压力代入公式计算出地层条件下的吸附气含量。

同样的方法计算 60℃、70℃、80℃和 90℃时对应的吸附气含量。根据文献资料，鄂尔多斯地区平均地温梯度为 2.5℃/100m，压力梯度为 0.69MPa/100m，通过搜集工区及邻区不同深度对应的压力数据点拟合曲线求取目的层埋深对应的温度及压力。

通过上述拟合公式计算榆 88 井—榆 05 井不同温度随压力变化对应的吸附气含量（图 2-53），求得不同深度的吸附气含量如图 2-54 所示。

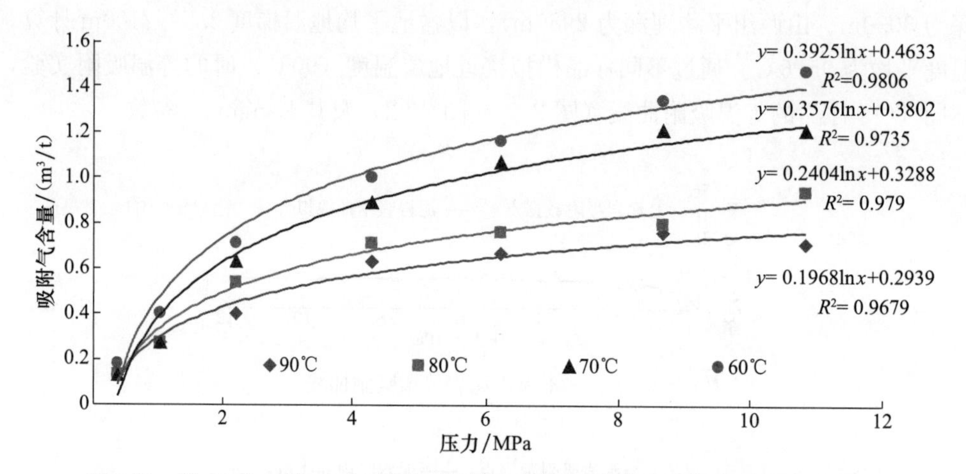


图 2-53　榆 88 井—榆 05 井不同温度条件下随压力变化吸附气含量的变化曲线

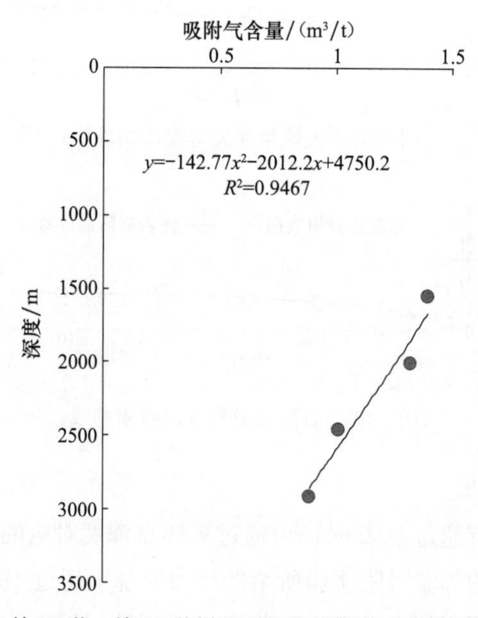


图 2-54　榆 88 井—榆 05 井样品埋深与吸附气含量的拟合关系图

根据上述方法，每个样品都可以求得相对应的深度和吸附气含量的关系。从图 2-55 可知，对于一个样品而言，随着埋深的加大，吸附气含量逐渐减少；而在一定的深度下，随着有机碳含量的增加，样品的吸附能力越好（图 2-55）。因此，根据样品的深度和有机碳含量两个参数的结合可以求得榆 88 井不同层位的吸附气含量，其中本溪组吸附气含量为 0.99～6.31m³/t，平均为 2.3m³/t，与太原组的平均吸附气含量（2.35m³/t）差不多，山西组的吸附气含量最少，仅 1.36m³/t。吸附气含量与气测曲线趋势基本一致。

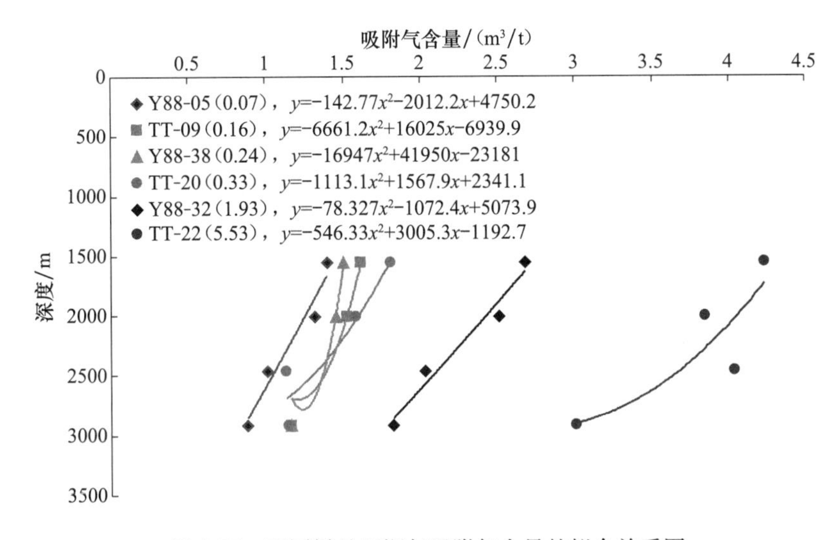


图 2-55　不同样品埋深与吸附气含量的拟合关系图

3. 现场解吸

采集了 3 块太原组泥岩样品（山西柳林成家庄 2 块，山西保德扒楼沟 1 块）进行气体解吸实验，野外露头取样含气量分析结果明显偏小，虽然不能真实反映地层条件下泥岩实际含气量的大小，但是这也说明，在保存条件较好的情况下，上古生界富有机质泥页岩具有很大的含气潜力。

通过对富含有机质的页岩露头样品进行热模拟，并对模拟生成气量进行解吸，其空气干燥基解吸气含量平均为 2.86m³/t，干燥无灰基解吸气含量平均为 3.12m³/t，这项研究结果表明，上古生界富有机质泥页岩在埋藏较深的部位，随着热演化程度的增高，有机质热裂解生成的烃类气体被泥页岩自身吸附的气量相当可观，也说明成熟度较高的上古生界富有机质泥页岩中含气量潜力巨大。

榆 88 井山西组 2 块样品解吸气空气干燥基甲烷含量分别为 0.22m³/t 和 0.24m³/t，含气量较低。但中国石油勘探开发研究院王社教等在苏 373 井和米 35 井取心过程中挑选了砂岩中夹持的泥岩段进行含气量分析，其中苏 373 井山西组含气量为 0.18～0.52m³/t；米 35 井山西组含气量为 0.21～1.08m³/t，本溪组含气量为 0.45～0.74m³/t。

由于解吸实验样本太少，部分样品解吸气含量较小，不能客观地反映地层条件下上古生界泥页岩的含气量大小，但是通过解吸实验和含气量分析，证明上古生界泥岩确实具有页岩气潜力。

根据总含气量与有机碳含量的关系所求得的总含气量，本溪组Ⅰ号泥页岩层段总含气量平均为 $2.21m^3/t$，最小为 $1.76m^3/t$，最大为 $2.54m^3/t$，盆地主体部位中部泥页岩含气量较高；本溪组Ⅱ号泥页岩层段总含气量平均为 $2.23m^3/t$，最小为 $0.76m^3/t$，最大为 $7.31m^3/t$，位于盆地主图部位的靖边、绥德及神木一带泥页岩含气量较高；太原组Ⅲ号泥页岩层段总含气量平均为 $2.41m^3/t$，最小为 $1.75m^3/t$，最大为 $3.37m^3/t$，盆地中部及盆地北部含气量较高，一般大于 $2.5m^3/t$；太原组Ⅳ号泥页岩层段总含气量平均为 $2.46m^3/t$，最小为 $1.74m^3/t$，最大为 $4.16m^3/t$，盆地中部向盆地东北部含气量增大，最高可大于 $3.5m^3/t$；总体上，太原组泥页岩含气量大于本溪组。山西组四个小层的含气量从Ⅴ～Ⅷ号逐渐减小，山西组Ⅴ号泥页岩总含气量最大为 $3.51m^3/t$，最小为 $1.6m^3/t$，平均为 $2.43m^3/t$，含气量一般大于 $2.0m^3/t$，由盆地中部向盆地东北部增大。山西组Ⅵ号泥页岩总含气量最大为 $3.51m^3/t$，最小为 $1.63m^3/t$，平均为 $2.34m^3/t$，盆地中北部的含气量大于 $2.0m^3/t$，由中部向东北部增大，盟 8 井附近达到 $2.8m^3/t$。山西组Ⅶ号泥页岩总含气量最大为 $3.01m^3/t$，最小为 $1.23m^3/t$，平均为 $2.24m^3/t$，盆地大部分地区含气量大于 $2.0m^3/t$，由中部向北部增大。山西组Ⅷ号泥页岩总含气量最大为 $2.54m^3/t$，最小为 $1.63m^3/t$，平均为 $2.21m^3/t$，含气量由东西两侧向盆地中部、东北部增大，高含气量聚集在盆地的东北部，最高为 $2.5m^3/t$。

4. 影响因素与变化规律

影响页岩含气量的因素主要有以下几种。

1）温度和压力对含气量影响

如图 2-56 所示，同一样品在等温度条件下，当压力小于 2MPa 时，泥页岩吸附气含量开始随着压力的增大而明显增加；当压力大于 2MPa 时，吸附气含量达到饱和，随着压力的增大而趋于平稳。温度对页岩含气量的大小影响明显，尤其是吸附气含量的大小，样品的吸附能力随着温度的升高而降低。60℃时，压力为 10MPa 时吸附气含量为 $1.4\sim4m^3/t$；当温度升到 90℃时，同样压力下的吸附气含量减少了一半，只有 $0.6\sim2m^3/t$。

2）有机质含量和类型

有机质含量是影响页岩含气量的关键因素。首先，有机质含量越高，吸附在有机质表面的气体就会越多，有机质发生生化反应时产生的孔隙越多；其次，残余有机质含量高说明原始有机质含量可能很高，那么有机质热演化过程中生成的气量越多。鄂尔多斯盆地上古生界泥岩总有机碳含量普遍较高，分析测试数据统计，上古生界泥岩实测 TOC 一般为 1%～3%，平均为 3.5%。其中，山西组 TOC 平均为 3.0%，太原组 TOC 平均为 4.1%，本溪组 TOC 平均为 2.7%。

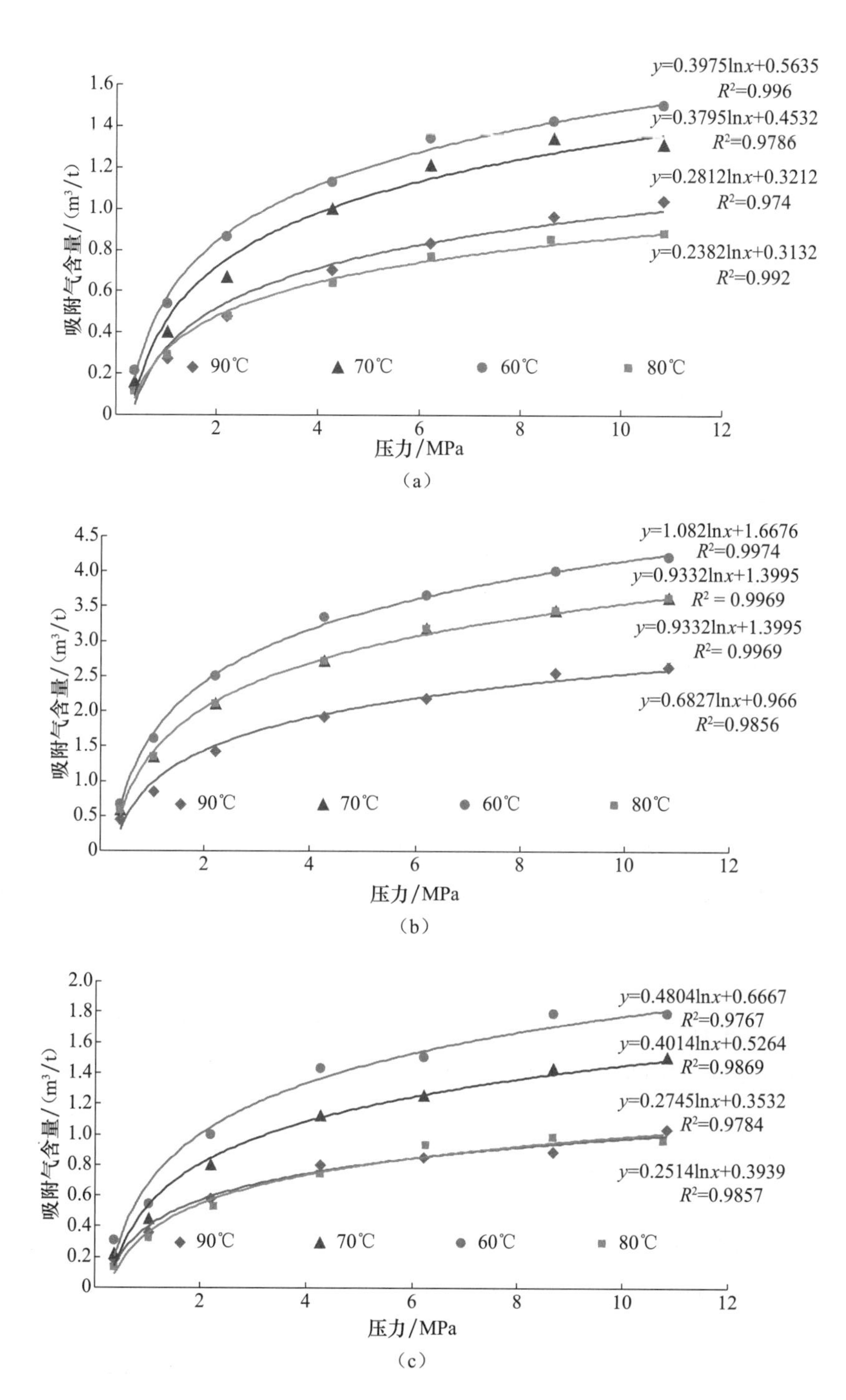


图 2-56 不同样品在不同的温度和压力条件下吸附气含量变化特征

(a) Y88-38；(b) TT-22；(c) TT-20

有机质类型主要决定有机质成熟演化过程中的生烃类型，腐泥型和腐殖腐泥型有机质只有在高成熟阶段才能大量生气。鄂尔多斯盆地上古生界泥岩有机质以腐殖型和腐泥腐殖型为主，而且有机质热演化程度较高，有利于大量生气。

3）黏土矿物含量

黏土矿物对气体有较强的吸附能力，因此黏土矿物含量的高低影响着页岩吸附气含量的大小，另外，黏土矿物具有丰富的微孔隙，是游离气理想的储集空间。鄂尔多斯盆地上古生界泥岩黏土矿物含量较高，平均含量为52.3%，其中本溪组泥岩黏土矿物平均含量为69.4%，太原组泥岩黏土矿物平均含量为37.6%，山西组泥岩黏土矿物平均含量为57.5%，黏土矿物以高岭石和伊利石为主，含量大于75%，伊蒙混层和绿泥石含量较少。较高的黏土矿物含量有利于吸附气和游离气的聚集。

## （二）中生界延长组含（气）油特征

### 1. 钻、测、录、试井

目前盆地在麻黄山、下寺湾、富县、洛川、彬长和渭北区块的长七段、长八段暗色泥页岩段在录井中发现页岩气显示，证明陆相低成熟泥页岩有页岩气的存在。

### 2. 现场解吸

通过对柳评171井、万169-1井分别于长八段、长七段页岩段现场岩心解析，分别获得6.43m$^3$/t、2.43m$^3$/t气量。

柳评171井1.2kg岩心，解析出1700mL气，按照二次回归，损失气量6035.5mL，预测该地区油页岩含页岩气量为6.4379m$^3$/t；万169-1井0.550kg岩心，解析最高含气量为605mL，按照二次回归，损失气量达733mL，预测页岩气吸附气含量为2.43m$^3$/t。

根据下寺湾区块长七段的解吸数据，泥页岩的解吸气含量为2.43～6.45m$^3$/t，平均为4.79m$^3$/t，是游离气和吸附气的总和。下寺湾区块长七段泥页岩的等温吸附气含量为1.33～5.2m$^3$/t，平均为2.11m$^3$/t，约占总解吸气含量的44%。

### 3. 等温吸附模拟

通过岩心和野外获得延长组页岩等温吸附数据，其中长七段实测15个样品，地表样品1个，井下样品14个；长四段+长五段地面样品1个，获得理论吸附气含量为0.8～4.8m$^3$/t，平均为2.0m$^3$/t；平凉组实测2个样品，均为地表样品，平均吸附气含量为1.105m$^3$/t（图2-57、图2-58）。

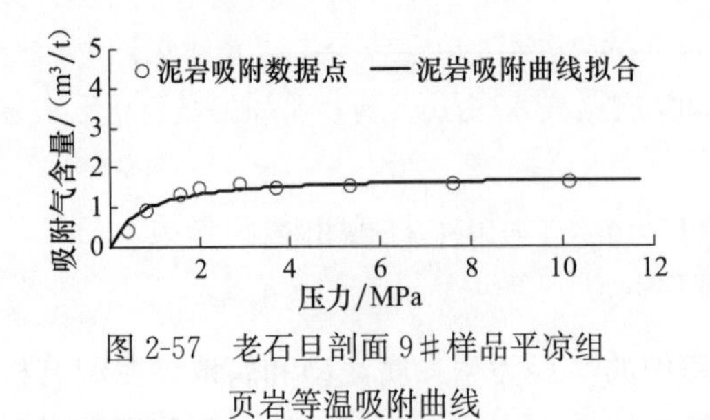


图2-57 老石旦剖面9#样品平凉组页岩等温吸附曲线

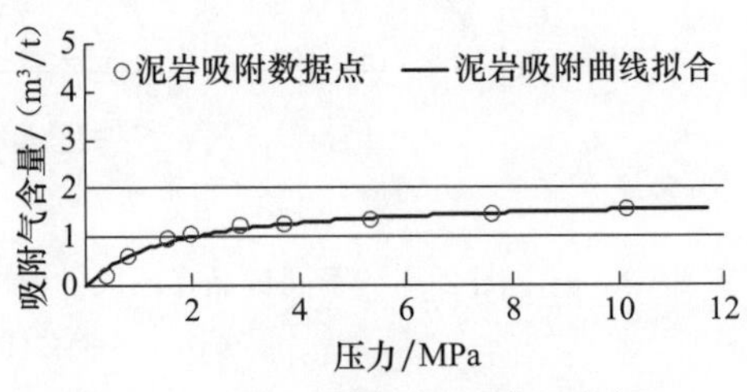


图2-58 老石旦剖面2#样品平凉组页岩等温吸附曲线

4. 影响因素与变化规律

根据前人研究，泥页岩对天然气的吸附能力与TOC呈明显正相关关系。通过对下古生界平凉组含气页岩和中生界延长组长四段+长五段、长七段样品等温吸附和其他相关数据的研究，可以看出：在等温度条件下（实验温度选35℃），随着压力的增大，延长组泥页岩吸附甲烷的能力逐渐增大，当达到一定压力后，吸附能力逐渐减弱，吸附量变小，曲线无限接近一个平台（图2-59）。

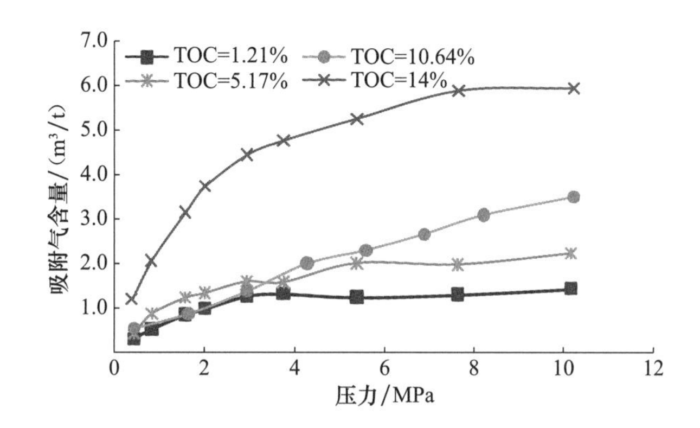


图2-59 延长组不同TOC下泥页岩等温吸附曲线

对同一块泥页岩样品，在不同的温度条件下（分别选用30℃、45℃和60℃的实验温度）进行甲烷等温吸附测试。实验结果发现，随着温度的升高，泥页岩吸附甲烷的能力逐渐降低，在压力为16MPa时吸附气含量从30℃的2.5$m^3$/t下降至60℃的1.0$m^3$/t。根据热解模拟实验，有机质成熟度的提高会增加热解气含量，即游离气含量增加，进而造成吸附气含量降低。由此可知，温度的增加，会降低泥页岩的吸附能力。

泥页岩的显微孔隙结构和孔隙体积是影响页岩气吸附性能的关键因素。延长组的主要孔喉直径为2.97～15.16nm，平均为4.31nm，为偏小的中孔（2～50nm）。盆地延长组泥页岩理论吸附甲烷气含量随着微孔隙中的中孔直径的增大而增大。甲烷的运动分子直径为0.38nm，中孔是盆地延长组的主要孔喉，远大于0.38nm，比大孔有更大的吸附能力和比表面积，因此理论吸附气含量与中孔直径呈正相关关系。孔隙度是表征孔隙体积占岩石总体积的百分比，代表孔隙所占的比例，延长组泥页岩理论吸附甲烷气含量随孔隙度的增加而增大，证明微孔隙是甲烷吸附气的主要储集空间。延长组泥页岩吸附甲烷气含量与比表面积和孔隙体积无明显关系。因此，可以肯定的是，理论吸附的甲烷气含量与主要孔喉直径大小和孔隙度有直接关系，前者提供甲烷分子运动空间，后者为理论吸附的甲烷气体提供保存空间。影响吸附甲烷气能力可能受多种因素控制。

# 第四节　南华北盆地及南襄盆地

## 一、南华北盆地

### （一）含气（油）页岩分布特征

上古生界发育上石炭统本溪组、下二叠系统太原组、中石炭统山西组、中石炭统下石盒子组、上石炭统上石盒子组和上石炭统孙家沟组。

根据综合分析，能够作为页岩气层系的有太原组暗色泥页岩、山西组暗色泥页岩、下石盒子组暗色泥页岩、上石盒子组暗色泥页岩4套。

通过野外考察、剖面实测、煤井调查、岩心观察、油气探井分析，将南华北盆地暗色泥页岩发育段进行了进一步的划分，一共分为8个层段，分别为太原段、山西段、下一段、下二段、下三段、上一段、上二段、上三段。

### （二）页岩有机地化特征

1. 有机质类型

上古生界煤系泥页岩有机质类型总体上呈现有机质类型单一，且以腐殖型为主的特征。暗色泥岩的显微组分与煤层明显不同，多数样品富含壳质组＋腐泥组（一般大于40%），反映暗色泥岩的有机质类型相对偏好，一般为Ⅱ-Ⅲ型干酪根。暗色泥岩有机元素分析数据较少，仅谭庄凹陷、襄城凹陷有少量分析数据，H/C原子比为0.51～0.91，O/C原子比为0.06～0.14，反映有机质类型以Ⅲ型为主，部分为$Ⅱ_2$型。从南华北盆地部分低成熟煤样热解分析参数上看，上古生界存在较多Ⅱ型有机质的煤和碳质泥岩（图2-60）。

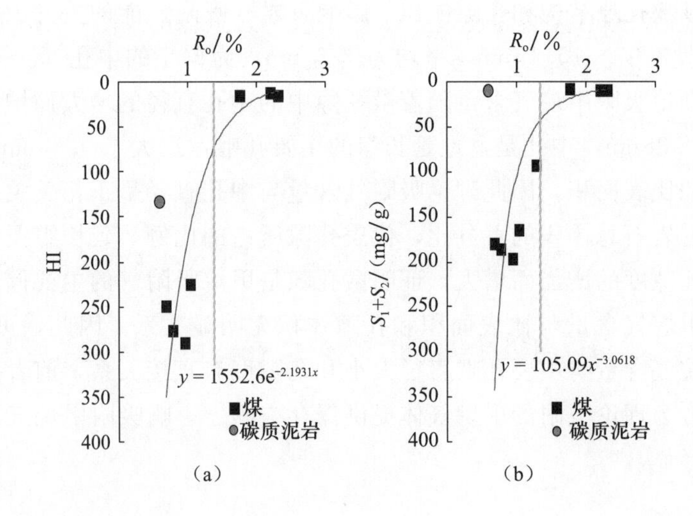

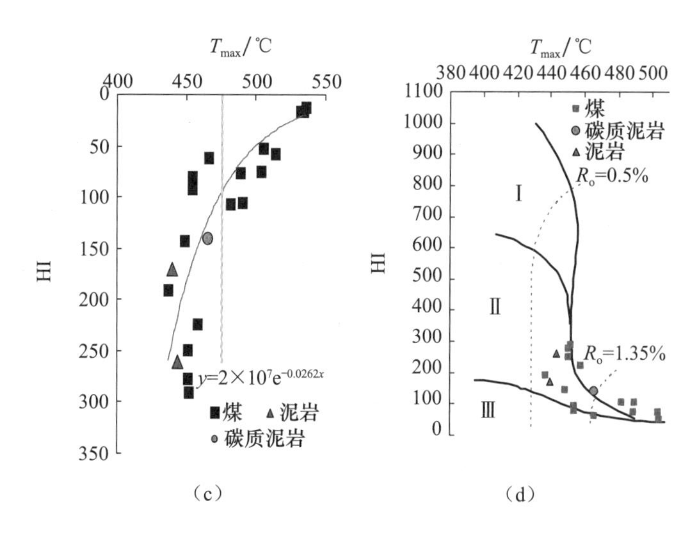


图 2-60　南华北盆地上古生界煤系泥页岩 $R_o$、$T_{max}$ 与 HI、$S_1+S_2$ 关系图

2. 有机碳含量及其变化

上古生界有效泥页岩（TOC＞1.5％）主要分布于二叠系太原组、山西组和下石盒子组，有机质丰度中等-高，TOC 平均为 1.75％～3.93％。

层位上，太原组煤系泥岩为中等泥页岩，部分为好泥页岩；山西组、下石盒子组煤系泥岩为中等-差泥页岩；上石盒子组煤系泥岩主要为差泥页岩，少量为中等泥页岩；孙家沟组暗色泥岩有机质丰度低，为非泥页岩。

平面上，太原组暗色泥页岩厚度为 22～63m，一般为 30～40m。其中，中牟-太康-鹿邑地区厚度最大，达 50m 以上，中等-好泥页岩厚度为 2～51m，一般为 10～30m，碳质泥岩 TOC 为 9.0％～12.0％，暗色泥岩 TOC 为 0.02％～5.70％，平均为 0.88％～3.76％，有效泥页岩 TOC 平均为 2.05％～4.59％，鹿邑、洛阳、伊川地区相对较高，呈环带状向四周降低。中等-好泥页岩占暗色泥岩的 49％，差-非泥页岩占 51％。

山西组暗色泥页岩厚度为 41.5～74.5m，一般为 30～40m，太康-鹿邑-倪丘集地区厚度最大，达 60m 以上；暗色泥岩 TOC 为 0.04％～5.79％，平均为 0.76％～3.33％；中等-好泥页岩厚度为 1.5～74.5m，一般为 15～30m，鹿邑、太康地区厚度相对较大，TOC 平均为 1.76％～5.09％，鹿邑、倪丘集、洛阳、伊川地区相对较高，呈环带状向四周降低。

下石盒子组煤系暗色泥岩厚度为 74.5～233.5m，一般为 130～200m；太康东部-倪丘集地区厚度最大，一般为 150～200m，TOC 为 0.01％～5.7％，平均为 0.22％～2.27％；中等-好泥页岩厚度为 10～120m，一般为 30～100m，差-非泥页岩占 79％。

上石盒子组在太康东部、倪丘集—古城、襄城、谭庄—沈丘、汝南、淮南等地遭受不同程度的剥蚀，暗色泥页岩厚度为 29～257m，平均厚度大于 150m；其中，太康东部-倪丘集地区厚度最大，平均厚度大于 170m。中等-好泥页岩厚度为 0～65m，主要为 10～

60m，鹿邑、太康地区暗色泥岩厚度相对较大，襄城凹陷、谭庄凹陷、倪丘集凹陷厚度相对较小，中等以上泥页岩主要分布于鹿邑凹陷，太康地区东部几乎无有效泥页岩。

纵向上，上古生界煤系暗色泥岩自下而上有机质丰度由高到低。平面上，洛阳-太康-鹿邑-倪丘集地区及周口拗陷的中西部地区上古生界暗色泥岩保存较为完整，厚度相对较大；有机质丰度总体变化不大，以倪丘集—鹿邑—洛阳地区相对较高，向东北、西南方向有所降低；周口拗陷有机碳含量相对较高，呈环带状向四周降低，太康、焦作、淮北等地区相对较低。

3. 有机质成熟度

南华北盆地上古生界煤系泥页岩 $R_o$ 展布总体上呈北高南低、西高东低的趋势，现今北部山西组异常演化区 $R_o$ 一般大于3.50%，高达5.0%以上，处于过成熟阶段，南部 $R_o$ 为0.7%～1.2%，处于成熟阶段，东部 $R_o$ 最低，一般为0.50%～1.0%，处于未成熟-成熟阶段，孢粉颜色呈浅棕色-黑色，热变指数为3.3～5.0，煤系泥页岩有机质总体处于低成熟-过成熟阶段。

（三）页岩储层特征

1. 岩矿特征

1）全岩X衍射分析

在井下与野外剖面上，南华北盆地二叠系泥页岩主要表现为泥岩、页岩、泥质粉砂岩、粉砂质泥岩、含灰质泥页岩、泥质灰岩等多种岩性组合。采取不同层位、不同岩性组合中的泥页岩样品195个，并对其进行了X衍射分析，发现岩石中主要矿物成分为黏土、石英，少量的钾长石、斜长石和方解石，除此之外，还有少量的菱铁矿和黄铁矿。

通过全岩X射线衍射分析，泥页岩矿物主要由黏土矿物和石英组成。在测定的195个样品中，石英含量大于30%的有165个，占85%，石英含量大于40%的有96个，占49%。黏土矿物有高岭石、绿泥石、伊利石、伊蒙混层。

太原段泥岩石英的平均含量为33.84%，黏土矿物的平均含量为54.83%。山西段泥岩石英的平均含量为40.62%，黏土矿物的平均含量为56.13%。下一段泥岩石英的平均含量为41.66%，黏土矿物的平均含量为52.35%。下二段泥岩石英的平均含量为38.52%，黏土矿物的平均含量为56.31%。下三段泥岩石英的平均含量为35.3%，黏土矿物的平均含量为60.47%。上一段泥岩石英的平均含量为45.5%，黏土矿物的平均含量为52.01%。上二段泥岩石英的平均含量为42.8%，黏土矿物的平均含量为52.86%。上三段泥岩石英的平均含量为45.78%，黏土矿物的平均含量为49.71%。

2）黏土矿物X衍射分析

黏土矿物以伊蒙混层、高岭石和绿泥石、伊利石为主。

山西组伊利石的平均含量最高，太原组居第二，其次是下一段和下二段，下三段的伊利石平均含量最小。

2. 岩石类型

二叠系泥页岩的岩石类型主要有泥岩、砂质泥页岩、碳质泥岩、含粉砂质碳质泥岩、碳质泥质粉砂岩、泥质粉砂岩。

3. 物性特征

页岩气藏的储集空间包括宏观上的微孔隙、微裂缝和微观上的纳米孔隙。微孔隙和微裂缝不仅为页岩气提供聚集空间，还为页岩气提供运移通道。页岩气的产量高低直接与页岩内部微孔隙和微裂缝的发育程度密切相关，这说明微孔隙和微裂缝的存在极大改善了页岩的渗流能力。另外，裂缝的产状、密度、组合特征和张开程度等很大程度上决定了页岩气是否具有开发价值。页岩气有利区应该拥有较高渗透能力或具备可改造条件的泥页岩微孔隙和微裂缝发育带。纳米孔隙主要包括有机质生烃过程形成的孔隙、有机质生烃超压形成的微裂缝、矿物颗间孔、溶蚀孔等，其中有机质生烃过程形成的纳米孔隙在页岩气的储集中起主要作用。

该区泥页岩的储渗空间可分为基质孔隙和裂缝。基质孔隙分为残余原生孔隙、有机质生烃形成的微孔隙、黏土矿物伊利石化形成的微裂（孔）隙和不稳定矿物（如长石、方解石）溶蚀形成的溶蚀孔等。

通过对南华北盆地二叠系泥页岩的扫描结果观察，该区的泥页岩内部普遍发育伊利石化体积缩小的微裂（孔）隙、次生溶蚀微孔隙及微裂缝，为页岩气的储集空间奠定了一定的物质基础。其中次生溶蚀微孔隙最大可达 60$\mu$m，且多呈蜂窝状或与相邻孔隙组合形成孔隙群，大大提高储气能力（图 2-61）。

（四）页岩含气（油）特征

1998 年年底，中国石化胜利油田有限公司取得合肥盆地的油气勘探权之后，在安参 1 井钻探钻遇了侏罗系、石炭系—二叠系暗色泥页岩层。1985～1992 年，河南油田以周口盆地中生界—古生界作为主要勘探目的层系。1993～1997 年，受鄂尔多斯奥陶系风化壳获得突破的启示，勘探目的层转向下古生界风化壳，侦查太康隆起古生界天然气，但未获突破。华北石油地质局于 1986 年在周口盆地倪丘集凹陷大王庄构造钻探南 12 井，于古近系底部试获少量源自石炭系—二叠系的低产油流，首次揭示该区具有形成油气藏的基本石油地质条件，尤其引起对古生界泥页岩评价及勘探的广为关注。

针对南华北盆地石炭系—二叠系页岩气钻探，至今还未进行。

## 二、南襄盆地

（一）含气（油）页岩分布特征

1. 富有机质页岩分布特征

泌阳凹陷核桃园组沉积时期是凹陷湖盆发育的鼎盛时期，深凹区既是沉降中心，也是沉积中心，沉积了一套巨厚的生油岩系。泌阳凹陷页岩主要发育在深凹区，与较深-深

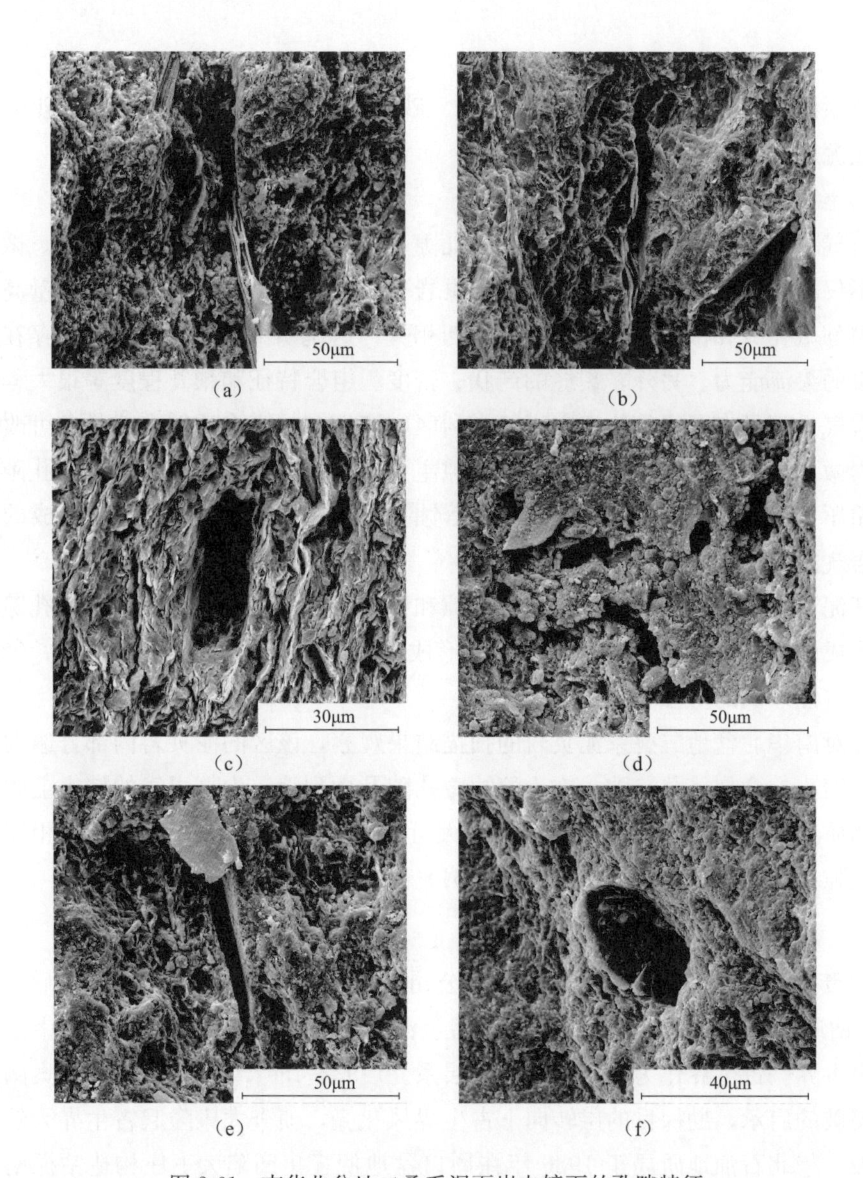


图 2-61 南华北盆地二叠系泥页岩电镜下的孔隙特征

(a) 放大 2035 倍，云母具溶蚀形成次生片理孔，样品编号 Y58，渑池县陈村乡陈村村 L-17 井，太原段泥页岩；(b) 放大 1600 倍，云母具溶蚀形成次生片理孔，长 50～80μm，样品编号 Y33，禹州 2 号井，639.2m，山西段泥岩；(c) 放大 3396 倍，孔隙呈短柱状，孔径约为 30μm，顺层分布，样品编号 Y07，禹州 2 号井，639.2m，深 484.5m，下一段泥岩；(d) 放大 2299 倍，孔隙呈次圆-不规则状，孔径为 10～15μm，孔隙较富集，样品编号 Y10，禹州 2 号井，441m，下二段泥岩；(e) 放大 2400 倍，孔长约 50μm，部分泥质向云母化伊利石转化，样品编号 Y11，禹州 2 号井，441m，下二段泥岩；(f) 放大 3171 倍，孔隙呈次椭圆状，孔径约为 30μm，样品编号 Y24，禹州 2 号井，329.3m，下二段泥岩

湖相吻合，分布范围广，面积约 400km$^2$。

通过前期对泌阳凹陷已钻井的录井、测井资料分析统计发现，纵向上页岩单井累计厚度大，泌 270 井最高达 620m，泌 159 井为 601m；且单层净厚度大，分布范围广，初步优选 6 个纯页岩层，进行小层对比，编制了地层对比图、小层等厚图，落实其平面展布。

①号层：泌 270 井 2040～2110m 页岩；核二段Ⅲ砂组；单层平均厚度为 35m，最大厚度为 70m，单层厚度大于 10m，分布面积为 62km²。②号层：泌 270 井 2309～2325m 页岩；核三段Ⅰ砂组；单层平均厚度为 15m，最大厚度为 30m，单层厚度大于或等于 10m，分布面积为 59km²。③+④号层：安深 1 井 2230～2350m 页岩；核三段Ⅱ砂组；单层平均厚度为 60m，最大厚度为 120m，单层厚度大于或等于 80m，分布面积为 100km²。⑤号层：安深 1 井 2450～2510m 页岩；核三段Ⅲ砂组；单层平均厚度大于 60m，最大厚度为 120m，分布面积为 80km²。⑥号层：泌 100 井 3200～3360m 油浸页岩；核三段Ⅲ砂组；单层平均厚度大于 60m，最大厚度为 110m，分布面积为 100km²。

南阳凹陷泥页岩主要发育段为核三段及核二段，在核二段末期，湖盆已出现萎缩的趋势，因此，核二段Ⅰ砂组段分布局限，主要泥页岩分布于核三段Ⅱ砂组、核三段Ⅰ砂组、核二段Ⅲ砂组、核二段Ⅱ砂组段。泥页岩主要分布在南部深凹带的深湖及半深湖沉积地区，各砂组沉积中心的沉积厚度多在 100m 以上。

2. 页岩气主力岩层分布特征

泌阳凹陷页岩气主要分布在核三段Ⅴ砂组到核三段Ⅷ砂组。核三段Ⅷ砂组时期泥岩全凹陷分布，最大厚度中心位于安店地区，泌 71 井泥岩厚度最大达 40m，毕店地区的泥岩厚度次之。核三段Ⅶ砂组时期泥岩主要分布在赵凹-安棚地区，与核三段Ⅷ砂组相比，泥岩分布范围向北扩大，泌 71 井为泥岩厚度中心，达 50m，毕店及双河地区泥岩分布范围有所扩大，泌 28 井最厚达 40m。核三段Ⅵ砂组时期安店地区泥岩厚度最大，达 45m，双河地区的泥岩厚度达到 35m。核三段Ⅴ砂组时期该段与核三段Ⅵ砂组相比，泥岩仍主要分布在安店地区，其次为双河地区，但是该段安棚地区泥岩厚度中心北移，且泥岩分布范围大于核三段Ⅵ砂组泥岩分布范围，双河地区泥岩分布范围较核三段Ⅵ砂组要小。

根据有效泥页岩层段划分标准，南阳凹陷纵向上划分出四套有效泥页岩层段，分别命名为①～④号页岩层。其中④号页岩层位于核三段Ⅱ砂组，其最大厚度在 120m 以上，红 12 井处厚度相对较大；③号页岩层位于核三段Ⅰ砂组，东部牛三门洼陷及附近泥页岩厚度最大，可达 150m 左右，西部东庄和焦店地区厚度一般为 60～100m。与核三段Ⅱ砂组相比，沉积中心变化不大；②号页岩层位于核二段Ⅲ砂组泥页岩厚度分布规律与核三段Ⅰ砂组类似，东部牛三门洼陷沉积中心不变，继承性好，牛三门地区厚度一般在 100m 以上；①号页岩层位于核二段Ⅱ砂组，泥页岩厚度最大达 120m 以上。

## （二）页岩有机地化特征

### 1. 有机质类型

#### 1）泌阳凹陷

干酪根类型以 $\text{Ⅱ}_1$ 型为主，$\text{Ⅱ}_2$ 型次之，少量Ⅲ型和Ⅰ型。

2）南阳凹陷

干酪根类型以混合型为主，大部分样品有机质属于$\mathrm{II}_1$型和$\mathrm{II}_2$型，个别样品为Ⅰ型和Ⅲ型。

2. 有机碳含量及其变化

1）泌阳凹陷

有机碳含量与沉积环境和保存条件密切相关。对泌阳凹陷核三段Ⅰ砂组至核三段Ⅷ砂组有机碳含量分层进行研究，由核三段Ⅰ砂组至核三段Ⅷ砂组，有机碳含量总的趋势为逐渐减小，成熟度的影响可能为主要原因之一。忽略同一砂组内不同地区有机碳含量受成熟度的影响。整个泌阳凹陷核三段上页岩 TOC 分析值中核三段Ⅰ、核三段Ⅲ、核三段Ⅳ砂组 TOC 最高，深凹区 TOC 均在 2%以上。有机碳的分析结果表明，泌阳凹陷 TOC 多大于 1%，最高大于 10%，属于较好到极好泥页岩的范畴。有机碳含量在纵向上的变化受原始有机质丰度和成熟度的影响，泌阳凹陷核桃园组有机质丰度以核三段Ⅲ砂组至核三段Ⅳ砂组丰度较高，从核三段Ⅳ砂组以下，随深度不断增加而降低，核三段Ⅳ砂组至核三段Ⅷ砂组泥岩 TOC 主要分布区间为 0.5%～2.0%，其中核三段Ⅵ、Ⅶ及Ⅷ砂组的 TOC 处于中等，但考虑到核三段下段成熟度相对较高，经热演化恢复后有机质丰度为较好-好。

2）南阳凹陷

从已有的和新测定的共 3112 个 TOC 统计，南阳凹陷核桃园组 TOC 分布范围为 0.10%～3.62%，平均为 0.62%，核桃园组中不同层段有机质丰度有所差异，TOC 最高的层段是核三段Ⅰ和核二段Ⅲ，中等-好油源岩样品占 60%以上；而核一段和核二段Ⅰ相对较差，属于非-差油源岩的样品均大于 70%。平面上，南北方向上有机质主要分布在南缘深凹陷带，向北逐渐减少；核三段 TOC 平面变化小，全区分布稳定；核二段平面差异大，东庄受东 1 断层控制增加。从各区块看，张店—牛三门一带 TOC 为 0.10%～2.73%，平均为 0.62%；魏岗—北马庄一带 TOC 为 0.10%～3.62%，平均为 0.68%；东庄—东赵庄一带 TOC 为 0.10%～2.47%，平均为 0.50%。

3. 有机质成熟度

1）泌阳凹陷

泌阳凹陷深凹区核三段底部 $R_o$ 为 0.8%～1.7%，核三段上段底部 $R_o$ 为 0.6%～1.1%，热演化处于成熟-高成熟阶段。1999～2001 年在安棚深层系发现了凝析油气田，提交探明储量 $1255\times10^4$t，也就说明了泌阳凹陷深凹区东南部深层系具备生成页岩气的热演化条件。泌 252 井 3227.9～3245.5m 井段压裂后获日产油 99.4$\mathrm{m}^3$，产气 $1.57\times10^4\mathrm{m}^3$ 的高产油气流；泌 253 井 3516.0～3544.0m 井段压后日产气 $6.21\times10^4\mathrm{m}^3$。深层系凝析油密度为 0.756$\mathrm{g/cm}^3$，原油颜色为透明的稻黄色。天然气甲烷含量较高，为 70%～92%，$C_2^+$ 为 7%～21%，$C_1/C_{1-5}$ 为 0.74～0.94，反映天然气具有较高的成熟度，其类型为热解气。

2）南阳凹陷

南阳凹陷泥页岩演化程度不高，基本上小于 1.0%，成熟度自下而上逐渐降低。核三段Ⅱ砂组埋深大，大部分地区进入生烃门限，尤其是西部地区，$R_o$ 基本为 0.5%～1%，整个焦店地区的核三段Ⅱ砂组泥页岩已进入生烃期。东部地区南 46 井以南也进入了生烃区，核三段Ⅱ砂组成熟度最高达到了 1.4%（南 27 井附近），达到了高熟阶段。

### （三）页岩储层特征

#### 1. 岩矿特征

1）泌阳凹陷

泌阳凹陷深凹区页岩全岩 X 衍射分析表明，石英、碳酸盐岩（方解石、白云石）、长石等脆性矿物含量高，脆度大，具备进行页岩油气储层压裂改造的条件。泌 365 井 2734.3m 页岩段石英、碳酸盐岩、长石等脆性矿物含量为 69.4%（图 2-62）；泌 354 井 2563～2570m 页岩段石英和碳酸盐岩含量为 69.9%，泌页 HF1 井 2415～2451m 页岩段脆性矿物总量达 66%。

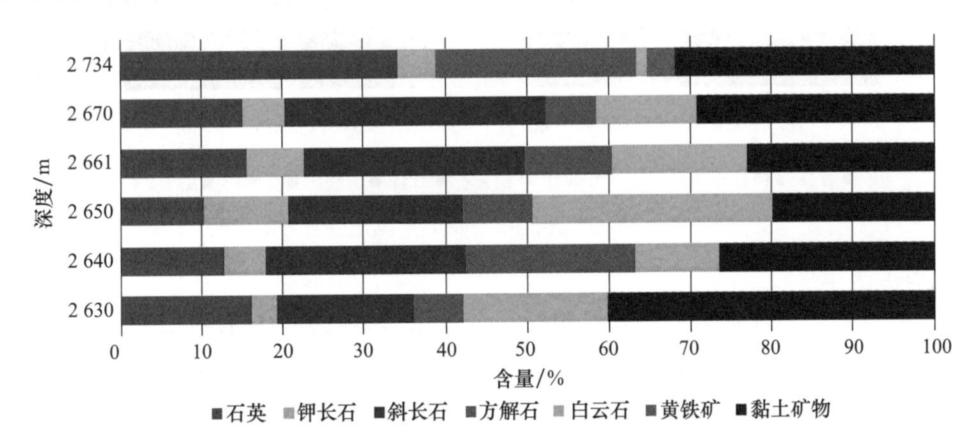


图 2-62 泌 365 井泥页岩全岩 X 衍射分析图

威德福油田服务有限公司（以下简称威德福公司）X 衍射结果表明泌页 HF1 井目的层段脆性矿物成分主要为石英、斜长石、钾长石、铁白云石、方解石，部分样品含少量菱铁矿和黄铁矿，脆性矿物体积分数占 54%～78%（图 2-63）。

2）南阳凹陷

南阳凹陷石英、碳酸盐岩、长石等脆性矿物含量与泌阳凹陷相比含量减少，①号页岩层平均脆性矿物含量相对较高，为 63.88%；②号页岩层脆性矿物含量为 52.93%；③号和④号页岩层相对脆性矿物含量低于①号、②号页岩层，平均约为 50%。图 2-64 为红 12 井泥岩矿物组分直方图，其脆性矿物总量为 55.7%，黏土含量达 40%，表明南阳凹陷仍具有一定的可压性。

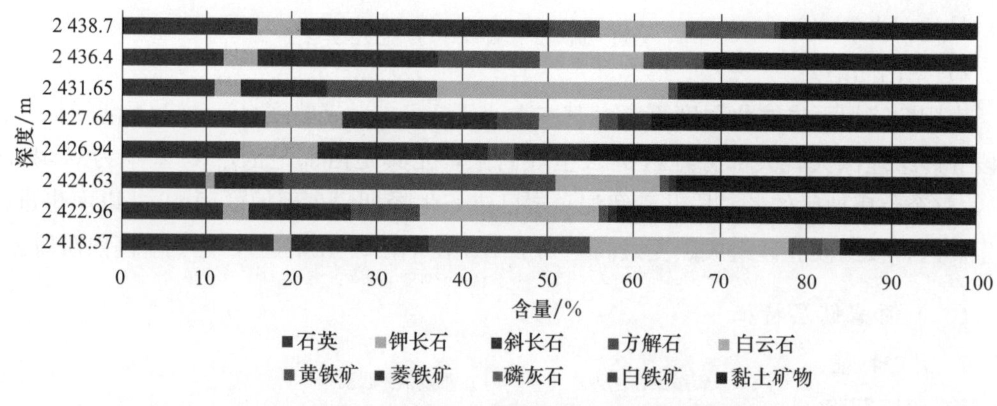


图 2-63 泌页 HF1 井 X 衍射矿物组分图（威德福公司）

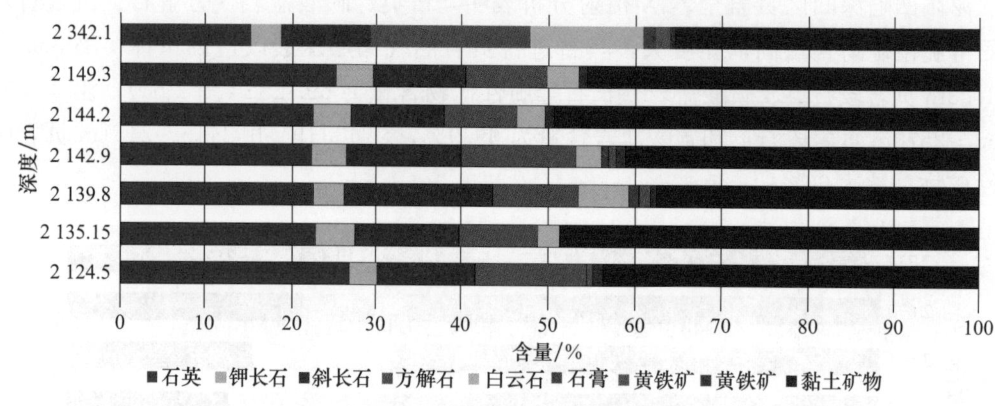


图 2-64 南阳凹陷红 12 井泥岩矿物组分直方图

2. 岩石类型

在详细了解工区泥页岩内主要矿物类型及含量的基础上，结合对已有泌页 HF1 井及程 2 井共长达 100m 岩心的详细观察与描述，重点包括其宏观结构的变化，如颜色、包含物、块状或纹层状结构、夹层情况等，以从宏观上对其整体变化进行整体把握；同时利用薄片、场发射电镜等手段，观察高分辨率下各组分的分布状态及组合样式；并结合全岩 X 衍射数据及矿物含量测井解释结果，最终按其组分类型及含量、组合样式、生物群等特征，将工区 5 号页岩层的主要岩性细分为五大类：泥质粉砂岩、粉砂质页岩、隐晶灰质页岩、重结晶灰质页岩及白云质页岩。这五类岩性具有各自的岩石学特征，代表着一定的沉积环境，能够反映成因，并易于区分，实用性强。

3. 物性特征

微孔隙、微裂缝的发育程度反映储层物性，是评价页岩油气藏的一个重要参数。微裂缝不仅是页岩储层的渗流通道，能起到沟通油气和改善物性的作用，还有利于后期压裂改造的人工裂缝与自然裂缝交汇形成网状缝。安深 1 井区页岩天然微裂缝较发育，可见高角度缝、水平层理缝，部分裂缝被方解石、石英等矿物充填。另外，页岩储层的微孔隙主要是指基质孔隙，利用扫描电镜可观察到安深 1 井页岩微孔隙发育，主要以晶间孔的形式存在。

利用核磁测井资料，通过岩心实测数据标定解释，安深1井2488～2498m井段平均孔隙度为4.83%，平均渗透率为0.00036mD，表明该井页岩储层物性较好。

页岩孔隙按演化历史可以分为原生孔隙和次生孔隙；按大小可以分为微型孔隙（孔径小于0.1μm）、小型孔隙（孔径小于1μm）、中型孔隙（孔径小于10μm）和大型孔隙（孔径大于10μm）。按孔隙类型可以分为有机孔隙和无机孔隙两大类，有机孔隙是有机质在热演化过程中形成的孔隙，这类孔隙需要借助分辨率较高的氩离子抛光扫描电镜等先进的技术手段进行观察；无机孔隙可进一步划分为晶间孔隙、晶内孔、溶蚀孔隙。泌阳凹陷深凹区分析测试结果表明，主要的孔隙类型为微米级晶间孔和纳米级有机孔隙，根据泌页HF1井氩离子抛光扫描电镜分析，页岩孔隙一般为30～1700nm，平均为500nm，属于小型孔隙（图2-65）。

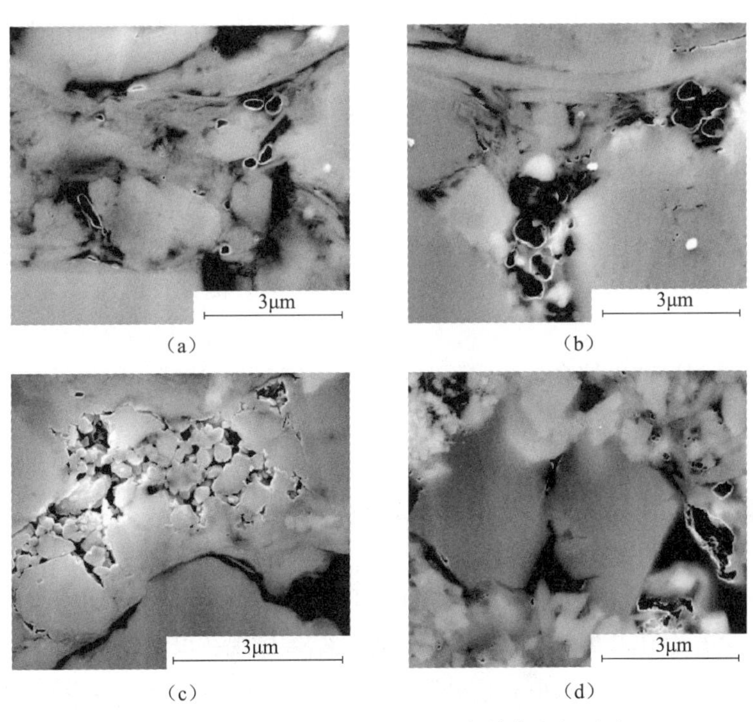


图2-65 泌阳凹陷深凹区页岩油气储集空间照片

(a) 有机孔隙，2418.6m，泌页HF1井；(b) 有机孔隙，2422.9m，泌页HF1井；(c) 晶间孔隙，2426.92m，泌页HF1井；(d) 有机孔隙，2426.9m，泌页HF1井

### (四) 页岩含气（油）特征

#### 1. 钻、测、录、试井

##### 1) 泌阳凹陷

(1) 油气显示情况。

截至目前，泌阳凹陷安深1井、泌页HF1井两口页岩油气探井获得工业油流，另外

部分老井也有油气显示。老井复查表明泌阳凹陷深凹区泌 100 井、泌 159 井、泌 196 井、泌 204 井、泌 270 井、泌 289 井、泌 354 井、泌 355 井、泌 365 井等多口井从核二段、核三段上、核三段下泥页岩均见到显示，全烃范围为 0.094%～10.833%，显示段泥页岩厚度范围为 10～140m。

(2) 录井特征。

录井上通过共复查深凹区 58 口探井，其中 44 口井进行了气测录井，占复查井的 76%，为开展页岩油气老井复查评价提供了基础资料保证。通过复查，在深凹区多口井核二段、核三段上、核三段下泥页岩均见到显示，全烃值范围为 0.094%～57%，显示段泥页岩厚度范围为 10～140m。多口井的泥页岩气测异常明显，且异常倍数在 10 倍以上。

2) 南阳凹陷

(1) 油气显示情况。

通过复查红 12 井、红 14 井、红 15 井、南 27 井、东 10 井等 20 余口井，结果表明深凹区红 12 井、红 14 井等 10 口井在泥页岩钻井过程中气测异常明显，油气显示的井主要集中在中部深凹区的牛三门次凹和东庄次凹地区，且牛三门次凹的泥页岩油气显示情况好于东庄次凹。

(2) 试油情况。

南阳凹陷红 12 井、红 14 井、红 15 井在泥页岩钻井过程中槽面有油花、气泡显示，红 12 井在 2329.4～2340.0m 井段（岩性为深灰色泥岩）测试日产油 2.58t。

2. 现场解吸

现场含气量测试结果偏高，与实际略有差异，安深 1 井实际开采以油为主。

1) 安深 1 井页岩含气量测试分析

安深 1 井含气量 9 个样品都发现了页岩气存在的证据，含气量结果显示（解吸温度为 90℃），每吨岩石原基含气量为 0.86～2.8$m^3$，平均为 2.07$m^3$。

2) 泌页 HF1 井页岩含气量测试分析

泌页 HF1 井含气量测试与中国石油勘探开发研究院廊坊分院（以下简称廊坊分院）和美国威德福公司合作开展，两家单位分析测试结果体现在以下几个方面。

(1) 廊坊分院测试结果表明，该井吸附气含量最高为 1.18$m^3$/t，最低为 0.21$m^3$/t。其中，5 块样品吸附气含量小于 0.5$m^3$/t；对比美国 5 大盆地吸附气含量，井段 2417～2424m 和 2435～2440m 吸附气含量处于中等水平。

(2) 威德福公司现场含气量测试结果表明目的层总含气量为 1.5$cm^3$/g，略比廊坊分院分析测试结果数值偏大，但是总体均表现出含气量中等的特征。

3. 等温吸附模拟

1) 安深 1 井等温吸附测试结果

由于页岩气与煤层气具有相似的吸附机理，因此，目前对页岩吸附气含量的确定主要是借鉴煤层气中吸附气的评价方法，采用等温吸附模拟实验，建立吸附气含量与压力、温度的关系模型。

测试采用朗缪尔等温模型对安深 1 井的 9 个样品进行等温吸附实验，获得等温吸附曲线（90℃等温）。

安深 1 井所取的 9 个岩心等温曲线，深度为 1791.42～2570.76m，深度跨度近 800m，有机碳含量为 0.15%～4.54%。在 30℃等温条件下，随着压力增高，页岩吸附甲烷的能力逐渐增大，在压力达到 10.83MPa 时，页岩的甲烷吸附能力达到最大，为 1.12～3.02$m^3$/t，其最大的吸附能力为 1.55～4.61$m^3$/t。

2）泌页 HF1 井等温吸附测试结果

从等温吸附实验结果分析，2200m 以下有形成优质页岩气藏的潜力；含气性中等，可能是该地区以生油为主，未达到生气高峰，导致吸附气饱和度偏低。

4. 影响因素与变化规律

（1）泌阳凹陷属新生界陆相断陷湖盆，相对海相盆地热演化程度较低，整个泌阳凹陷东南部热演化程度相对较高，局部地区核三段下段 $R_o$ 达到 1.8%，进入凝析油和湿气生成阶段，因此认为核三段下段是开展页岩气的勘探有利地区，但是范围小，因此页岩气资源量不大；作为勘探的主要目的层核三段上段，埋藏相对较浅，$R_o$ 一般为 0.5%～1.0%，因此是勘探页岩油的有利层系。

（2）泌阳凹陷深凹区具有较好的陆相页岩油气成藏条件，具体表现在有效泥页岩的分布范围广、厚度大，有机质类型好、丰度高、热演化程度适宜、脆性矿物含量高、纳米级微孔隙发育和微裂缝发育等方面。

（3）通过分析认为影响页岩油气成藏的因素有泥页岩厚度、有机质丰度、热演化程度、物性等方面，分析认为裂缝的发育程度和有机质丰度对页岩油成藏最为重要，微裂缝的发育不但能有效改善页岩油气的物性条件，为油气产出提供通道，还能为后期压裂改造形成网状缝奠定基础；有机质丰度的大小是页岩油气成藏的物质基础。另外，脆性矿物含量的大小同样对页岩油气的产出具有重要作用，直接影响后期的压裂改造效果。

## 第五节 沁水盆地

### 一、含气页岩分布特征

将下石盒子组泥岩自上而下分为下石盒子组一段（以下简称下一段）泥岩、下石盒子组二段（以下简称下二段）泥岩；将山西组泥岩自上而下分为山西组一段（以下简称山一段）泥岩、山西组二段（以下简称山二段）泥岩；将太原组泥岩自上而下分为太原组一段（以下简称太一段）泥岩、太原组二段（以下简称太二段）泥岩、太原组三段（以下简称太三段）泥岩。

在以往工作的基础上，结合沁水盆地石炭系—二叠系地层岩性特征，在上石炭统太原组、下二叠统山西组和上二叠统下石盒子组中选取太一段、山二段、山一段和下二段，共计4套泥页岩层段作为研究对象。

太一段北部寿阳—松塔一带，泥岩厚度为15～35.7m，平均为25.35m，从寿阳往和顺方向泥岩厚度逐渐减少；长治一带泥岩厚度为19～25m，平均为22m。埋深方面，盆地埋深为300～1851.58m，平均为1000m左右，埋深最大值在沁源—襄垣一带，最大埋深值为1851.58m，由此为中心向盆地边缘逐渐减少。

山一段有效泥岩厚度为6～33.5m，平均为19.5m。盆地存在两个厚度高值区域，分别是沁县区域和沁源-长子区域，以两个高值区域为中心向盆地的边缘逐渐减少。沁水盆地山一段埋深为205.74～1815m，平均为1100m左右。其中，最大埋深在沁源—襄垣一带，以此为中心埋深向盆地的边缘逐渐减少。

山二段有效泥岩厚度为6.1～31m，平均为18.5m。最大厚度出现在沁源区域附近，最大厚度为31m。盆地整体厚度由西向东逐渐减少。沁水盆地山二段埋深为362.94～1834.75m，平均为1098m。盆地最大埋深位于沁源—襄垣一带，最大埋深可达1834.75m，以此为中心向盆地边缘逐渐减少。

下二段有效泥岩的厚度为6～23m，最大厚度出现在长子—高平一带，最大值为23m。有效泥岩厚度从西北向东南方向逐渐增大。埋深方面，下二段有效泥岩的埋深为221～1777.18m，最大埋深为1777.18m，位于沁源—长子一带，以此为中心向盆地的边缘逐渐减少。

## 二、页岩有机地化特征

### （一）有机质类型

太原组泥岩有机质类型以腐殖型为主，少数地区具有腐泥腐殖型。

太原组泥岩的干酪根碳同位素偏重，饱和烃含量低于20%，饱/芳值低（0.16～0.66），在$Ⅱ_2$-Ⅲ区间内。

沁水盆地石炭系—二叠系煤系泥岩中，泥岩为腐泥腐殖型-腐殖型母质，与实验分析结果一致。

### （二）有机质含量及其变化

下二段泥岩TOC为0.036%～50.73%，全部样品平均值为2.37%。TOC大于1.5%的样品数量占全部样品数的33.9%。

山一段泥岩TOC为0.045%～36.94%，全部样品平均值为3.63%。TOC大于1.5%的样品数量占全部样品数的51.5%。

山二段泥岩TOC为0.02%～31.05%，全部样品平均值为3.49%。TOC大于1.5%的样品数量占全部样品数的67.2%。

太一段泥岩TOC为0.04%～52.84%，全部样品平均值为3.76%。TOC大于

1.5%的样品数量占全部样品数的64.9%。

太一段东北部寿阳—阳泉一带为TOC高值区，最大值可达2.9%，由此向西TOC逐渐减小。盆地中部由榆社地区向南逐渐增大，在沁县出现第二个TOC高值区，最大可达4.0%。盆地南部TOC最高为3.1%，以沁源—端氏—长子三角地带为最好。

山二段TOC略高于太原组，在平面上北部优于南部，整体上由北向南逐渐减小。北部TOC最大可达4.2%，寿阳—松塔一带以北整体TOC在2.5%以上。盆地南部端氏地区TOC较高，整体可达2.5%以上。

山一段TOC变化趋势基本类同于山二段，数值略低。盆地北部最大可达4.8%，向南逐渐降低。在盆地中西部沁源地区数值较大，整体在1.5%以上，盆地南部的端氏—晋城一带亦为数值高值区，整体在2.5%以上。

下二段TOC南部整体优于北部，南部最高可达1.4%，TOC为1.5%以上的地区主要分布在盆地南部端氏镇以南和盆地北部松塔县以北。中部TOC较低，多为0.5%～1.0%。

（三）有机质成熟度

整体来看，研究区$R_o$较高，平均值为2%～3%，最大达到3.0%以上，属于成熟-过成熟阶段。

太一段泥页岩$R_o$整体为2.5%左右，在盆地中部及南部地区，$R_o$整体较高，均在2.5%之上，在盆地的东北部阳泉—昔阳一带$R_o$为1.0%～2.0%。

山二段泥岩$R_o$整体趋势与山一段泥页岩$R_o$大体一致，$R_o$整体为1.5%～2.5%，仅盆地的东南部端氏—晋城一带较高，$R_o$均大于2.5%。

山一段泥岩$R_o$为1.4%～4.01%，盆地东南部的端氏—晋城一带$R_o$较高，均在2.5%以上，盆地其余区域均在2.0%左右，处于成熟-高成熟阶段。

下二段泥岩$R_o$为1.2%～1.4%，平均为1.3%。盆地整体$R_o$均小于2.0%，绝大多数区域位于1.2%～2.0%。

## 三、页岩气储层特征

（一）岩矿特征

依据页岩类型和矿物学特征分析表明：沁水盆地及其外围石炭系—二叠系泥岩具有较高的脆性岩石组分，野外实测剖面中可见风化的页岩破碎带，在钻井岩心中也发现了十分发育的高角度微裂缝，页岩易于发生脆性裂缝。

通过全岩分析结果，可以看出研究区泥页岩脆性矿物含量最高可达89%，多集中在35%～55%。其中，研究区太一段泥岩共进行19项次测试，脆性矿物含量为20%～89%，平均为39.44%；山二段泥岩共进行51项次测试，脆性矿物含量为19.3%～52%，平均为33.35%；山一段泥岩共进行12项次测试，脆性矿物含量为33.3%～49%，平均为40.74%；下二段泥岩共进行21项次测试，脆性矿物含量为4.7%～87%，平均为45.68%。可以看出，研究区各层段石英含量均在35%以上，反映出该地区泥岩脆性较好，易于形成裂缝，说明该地区泥岩脆性矿物含量符合优质页岩气储层标准。研究区各层段自下而上脆性矿物含量逐渐增大，但与有机碳含量及含气性的变化成反比（图 2-66）。

（二）岩石类型

为进一步摸清沁水盆地泥页岩发育特征，对所取样品进行了薄片鉴定，共鉴定薄片230项次，识别出 4 种泥页岩岩性组合（图 2-67）。

总体而言，研究区石炭系—二叠系泥页岩均不同程度含砂质组分，大部分为粉砂质泥页岩。另外，由于研究区是典型含煤盆地，碳质泥岩、碳质页岩分布较为普遍。

（三）物性特征

1. 微孔隙发育情况

研究区泥页岩中微裂缝较发育，通过扫描电镜已经识别出的微裂缝类型有构造缝、层间缝、粒间孔、溶蚀孔。

氩离子剖光试验是近年来观测泥页岩样品纳米级微裂缝的更有效试验。5 组样品分别取自位于沁水盆地柿庄地区的 SX-306 页岩气参数＋生产试验井，纵向位置位于山西组 3 号煤底部的厚约 25m 的山二段泥岩，埋深为 1062～1087m，5 组样品取样为该段泥岩内每隔 5m 取一个样。研究发现，沁水盆地山西组山二段泥岩微裂缝发育，共识别出7 种微裂缝类型：粒间孔、粒内孔、晶间孔、溶蚀孔、有机孔、应力缝、层间缝，孔隙类型，典型裂缝照片如图 2-68 所示。

2. 孔渗性

盆地整体孔隙度为 0.35％～13.45％，平均为 4.15％，其中，下石盒子组孔隙度为0.65％～13.45％，平均为 3.21％，山西组孔隙度为 0.73％～13.26％，平均可达4.08％，太原组孔隙度为 0.35％～9.69％，平均为 4.7％，通过对比可知，沁水盆地纵向上，从下石盒子组—太原组，孔隙度逐渐增加。

渗透率方面，沁水盆地整体渗透率小于 0.1mD，在所测试的 34 个样品中，仅有 7个样品渗透值大于 0.1mD，渗透率为 0.00021～2.161201mD，平均为 0.0194mD；其中，下石盒子组渗透率为 0.00026～2.145650mD，平均为 0.015mD，山西组渗透率为0.00028～2.161201mD，平均为 0.036mD，太原组渗透率为 0.00021～0.889143mD，平均为 0.0072mD，通过层段渗透率对比，山西组泥页岩的渗透率最高，太原组泥页岩的最低，下石盒子组介于两者之间。

通过收集美国已成功开发的主要页岩气盆地及中国重庆地区页岩气盆地的相关资料，将沁水盆地泥页岩的孔渗性与其进行对比，从而进一步分析沁水盆地泥页岩孔渗性条件。美国主要页岩气盆地孔隙度值多大于 1.0％，中国重庆页岩气盆地的孔隙度整体在 1.0％以上，沁水盆地各主力泥页岩层段的孔隙度数据基本与以上两者相当，平均达到 4.15％；从渗透率角度分析，三者渗透率均小于 0.1mD，基本表明沁水盆地泥页岩渗透率条件不差于国内外已开发的页岩气田。

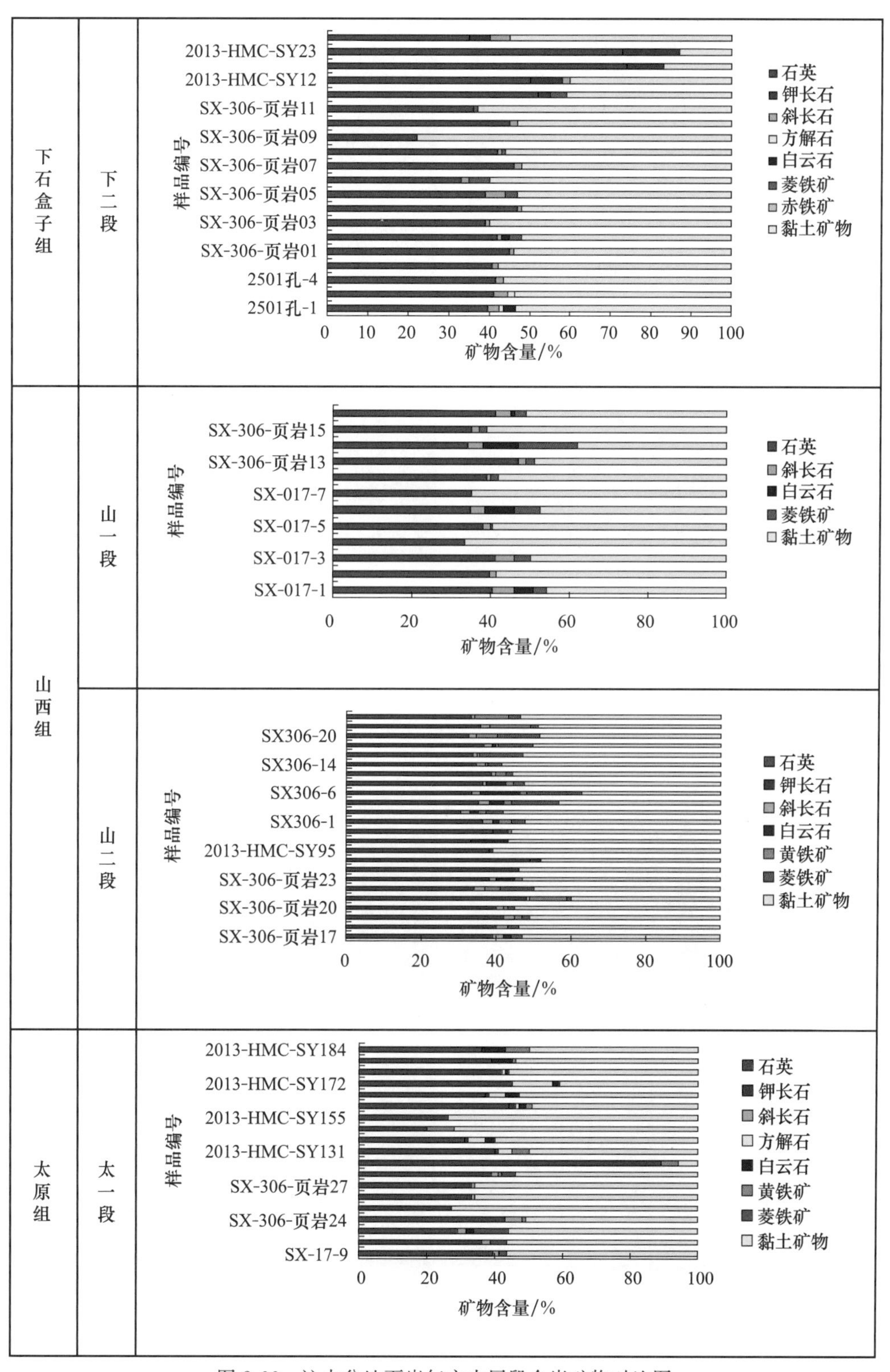


图 2-66 沁水盆地页岩气主力层段全岩矿物对比图

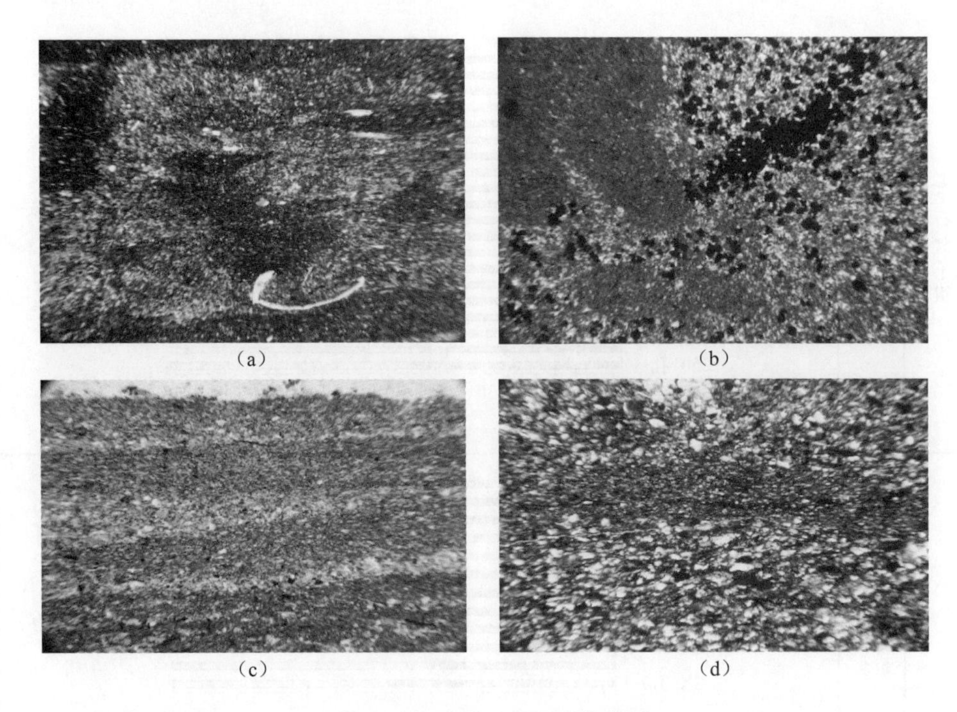

图 2-67　沁水盆地泥页岩分类图

(a) 黑色碳质泥岩相（泌水盆地北部阳泉二矿山西组 3 煤顶板）；(b) 纹层状黑色粉砂质碳质泥岩相（沁水盆地东北部和顺 p5-3 井太原组泥岩）；(c) 纹层状黑色钙质含碳质泥页岩（沁水盆地南部 SX-017 井山西组泥岩）；(d) 纹层状深灰色粉砂质泥岩相（沁水盆地南部 SX-015 井太原组泥岩）

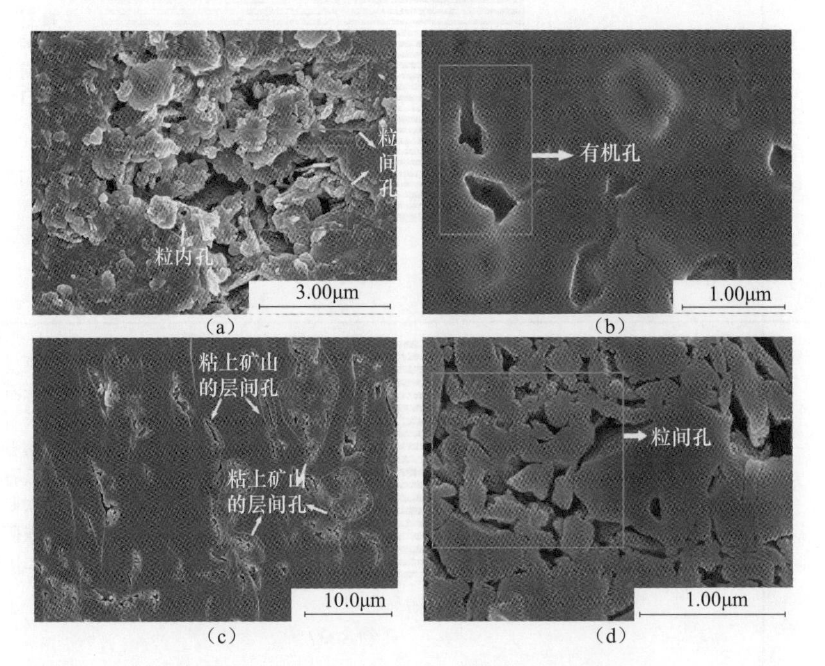


图 2-68　SX-306 井氩离子剖光试验微孔隙典型照片

(a) A1；(b) E6；(c) D4；(d) E3

## 四、页岩含气（油）特征

### （一）钻、测、录、试井

中联煤层气有限责任公司共计进行了三口页岩气井的钻完井工作，针对目的层段进行了全部取心和综合录井。在综合录井过程中发现气测异常层；测井分析了钻遇的岩性，解释出泥页岩层段。以柿庄北 SX-306 井为例，具体说明钻井和测井中气显示特征。

根据测井曲线特征，该井共解释 48 层/115.40m，其中煤层 14 层/21.50m、三类裂缝层 25 层/63.20m、干层 7 层/24.90m、水层 2 层/5.80m。在下石盒子组、山西组和太原组各选一段进行叙述。

下石盒子组，测遇井段为 946.00～1041.00m，测厚 95.00m。该段地层岩性为砂岩、泥质砂岩、煤层、碳质泥岩和泥岩。砂岩自然伽马为 50～80API，电阻率较高。纯泥岩自然伽马在 100API 以上，电阻率较低。该井段气测异常 12 层/5.91m，测井综合解释 14 层/23.3m，其中三类裂缝层 8 层/17.4m、煤层 4 层/2.6m、干层 2 层/3.3m。

山西组下部山二段 28 号层，测遇井段为 1074.10～1075.30m，为三类裂缝层。岩性为泥岩，自然伽马高值，电阻率低值，井径微扩径，气测在 1073.75～1074.0m 全烃为 3.5364%↑8.2095%，$C_1$ 为 3.1168%↑6.6220%，认为该层含气；电成像图上显示有张开缝发育，综合解释为三类裂缝层。

太原组上部太一段 30 号层，测遇井段为 1097.40～1100.90m，为三类裂缝层。该层岩性为泥岩，自然伽马中高值，电阻率中低值，井径扩径，气测在 1098.75～1099.75m 全烃为 1.6344%↑9.0735%，$C_1$ 为 1.0698%↑7.1434%。交叉偶极声波资料、电成像资料显示该段地层有微裂缝发育，综合分析各项资料解释为三类裂缝层。该层束缚流体信号较强，可动流体信号较弱，谱峰低缓。在该层对应井段内录井气测数值上升较高，其中全烃为 1.6344%↑9.0735%，$C_1$ 为 1.0698%↑7.1434%；偶极声波显示有几处“V”字形条纹。电成像资料也显示有裂缝，认为该层含气，且有裂缝发育，解释为三类裂缝层。

### （二）现场解吸

共针对 93 件样品进行了含气量解析测试，其中下二段泥岩 16 件，山一段泥岩 18 件，山二段泥岩 24 件，太一段泥岩 35 件。含气量最大为 12.11$m^3$/t，最小为 0.44$m^3$/t，平均为 1.77$m^3$/t。

下二段泥岩共进行 16 项测试（图 2-69），总含气量为 0.45～2.85$m^3$/t，全部样品平均值为 1.26$m^3$/t。含气量大于 1.5$m^3$/t 的样品数量占全部样品数的 19%。

山一段泥岩共进行 18 项测试（图 2-70），总含气量为 0.44～4.47$m^3$/t，全部样品平均值为 2.18$m^3$/t。含气量大于 1.5$m^3$/t 的样品数量占全部样品数的 61.1%。

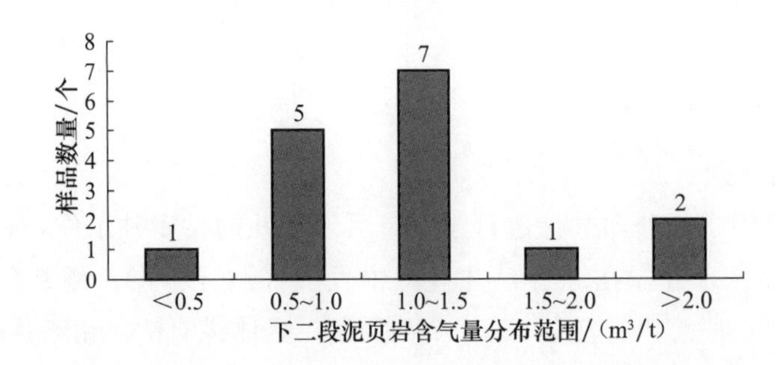


图 2-69 沁水盆地下二段泥页岩含气量测试结果分布条形图

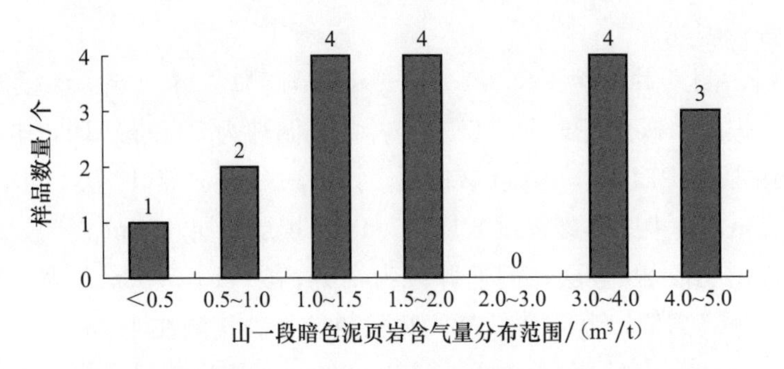


图 2-70 沁水盆地山一段泥页岩含气量测试结果分布条形图

山二段泥岩共进行 24 项测试（图 2-71），总含气量为 0.52～12.11$m^3/t$，全部样品平均值为 2.549$m^3/t$。含气量大于 1.5$m^3/t$ 的样品数量占全部样品数的 45.8%。

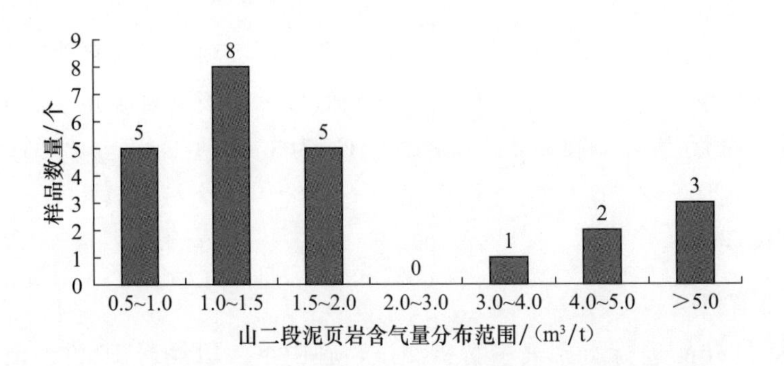


图 2-71 沁水盆地山二段泥页岩含气量测试结果分布条形图

太一段泥岩共进行 35 项测试（图 2-72），总含气量为 0.61～2.5$m^3/t$，全部样品平均值为 1.09$m^3/t$。含气量大于 1.5$cm^3/t$ 的样品数量占全部样品数的 11.43%。

整体来看，山二段泥岩含气量普遍偏高，为沁水盆地含煤岩系各层段之最；山二段泥岩总含气量大于太一段泥岩；下二段泥岩虽然脆性矿物含量较高，厚度较大，但含气性相对不理想。

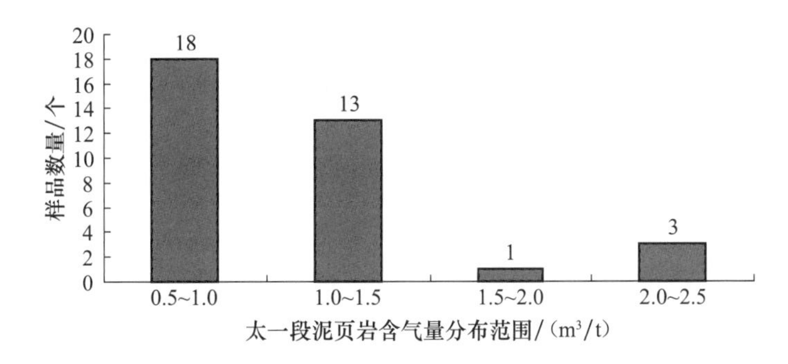


图 2-72 沁水盆地太一段泥页岩含气量测试结果分布条形图

（三）等温吸附模拟

下石盒子组朗缪尔（Langmuir）体积和压力相对山西组、太原组较小，Langmuir 体积分布在 0.59～3.158$m^3$/t，Langmuir 压力分布在 1.81～6.22MPa，吸附能力较弱，但是在较低储层压力条件下，吸附气含气饱和度会比较高。

山一段 Langmuir 体积分布在 0.86～5.51$m^3$/t，Langmuir 压力分布在 1.73～8.3MPa。山二段 Langmuir 体积分布在 1.02～3.52$m^3$/t，Langmuir 压力分布在 1.45～11.65MPa。太原组 Langmuir 体积分布在 1.11～10.06$m^3$/t，Langmuir 压力分布在 1.14～10.92MPa。山西组和太原组泥页岩 Langmuir 体积较大，吸附能力较强，在较低的储层压力条件下吸附气含量高。与 Fort Worth 盆地 Barnett 页岩气藏的等温吸附量 1.698～3.547$m^3$/t 相似，说明沁水盆地下石盒子组、山西组和太原组页岩吸附性较强。

（四）影响因素与变化规律

美国页岩气的勘探开发实践表明，几乎所有的页岩气藏都不相同，含气性的控制因素也差别很大。吸附态气体的主要影响因素在于吸附介质的性质、含量及温度、压力等外部环境；游离态气体的主要影响因素在于可容纳气体的孔隙及裂缝空间的体积、含水性等。

## 第六节 页岩气（油）富集条件和分布特征

华北及东北区盆地类型多，面积大，分布泥页岩层系多，类型多，页岩气（油）资源规模潜力大，页岩气（油）富集条件和分布特征值得进一步研究。

### 一、泥页岩地质条件对比分析

（一）海相泥页岩分布特征对比分析

1. 辽西地区中新元古界

建昌地区中新元古界存在三套海相泥岩（下马岭组、铁岭组、洪水庄组），其中，韩1井、杨1井揭示的主要源岩为洪水庄组。洪水庄组沉积稳定，以灰黑色页岩为主，是该组与其他组划分和对比的标志层。洪水庄组沉积时，沉积范围较前期大为缩小，沉积环境由陆棚浅海变为闭塞海湾，沉积物以灰黑色、灰绿色泥页岩为主。区内出露地层呈北东向展布。凌源老庄户—宽城一带最厚，达184m。

韩1井揭示洪水庄组总厚度为83m，泥页岩厚度为65.5m，颜色为黑色、灰黑色，铁岭组云岩、泥质云岩厚度为62m；杨1井揭露洪水庄组112m，泥岩厚度约60m，揭露铁岭组270m，泥岩厚度约50m。韩1井、杨1井均未揭露下马岭组，揭露暗色泥岩累计厚度为110～127m，平均厚度为119m，烃源岩较发育。

建昌地区洪水庄组厚度中心位于西南处沟门子一带，向北、向东均减薄，在中北部广大区域，洪水庄厚度为50～150m，在北部大城子西北角亦存在厚度中心。

2. 鄂尔多斯盆地下古生界

富有机质含气页岩主要发育于中奥陶统平凉组地层，并且下平凉组（乌拉力克组）品质好于上平凉组（拉什仲组）；从野外剖面和钻井的对比来看，平凉组富有机质页岩发育范围应该主要以盆地西缘天环凹陷以西及天环凹陷西缘为主，盆地南缘不发育。纵向上平凉组页岩自下而上颜色由深变浅，笔石含量变少，有机质含量越来越低。

（二）海陆过渡相泥页岩分布特征对比分析

华北及东北地区石炭系—二叠系沉积环境主要为滨海或三角洲平原的沼泽环境相。其中，富有机质泥页岩主要沉积于浅海陆棚环境。鄂尔多斯盆地海陆过渡相山西组—太原组—本溪组泥页岩厚50～300m，单层厚度不大，多数与煤层、致密砂岩互层。渤海湾盆地石炭系—二叠系泥页岩厚度为50～300m，与薄层灰岩交互出现。沁水盆地是石炭系—二叠系的主要含煤盆地，山西组—太原组在盆地内厚度为50～200m，与薄层灰岩交互出现，单层厚度不大。整体上，石炭系—二叠系渤海湾盆地平均厚度大于鄂尔多斯盆地和沁水盆地，鄂尔多斯盆地与沁水、渤海湾盆地不同，东西两侧厚中间薄（表2-2、图2-73）。

**表2-2　华北及东北地区主要盆地海陆过渡相泥页岩分布**

| 分布地区 | 地层 | 泥页岩层段 | 沉积环境 | 泥页岩厚度/m |
|---|---|---|---|---|
| 渤海湾盆地 | 石炭系—二叠系 | 山西组、太原组 | 三角洲、潟湖相、障壁砂坝相 | 50～300 |
| 鄂尔多斯盆地 | 石炭系—二叠系 | 山西组、太原组 | 三角洲、潟湖相、障壁砂坝相、碳酸盐岩台地及潮坪 | 20～200 |
| 沁水盆地 | 石炭系—二叠系 | 山西组、太原组 | 三角洲 | 50～200 |
| Fort Worth | 石炭系 | Barnett | 深海、半深海 | 30～183 |
| Arkoma | 泥盆系 | Woodford | 深海、半深海 | 30～70 |

总体上，富有机质泥页岩厚度一般在15m以上，有机质丰度低的页岩厚度一般在30m以上，有一定的保存条件，盆地中心区或构造斜坡区为有利区。华北及东北海陆过渡相地区单层厚度都不大，多层累计厚度较大，常与煤和致密砂岩，甚至灰岩互层，是页岩气勘探开发的重要发展方向之一。

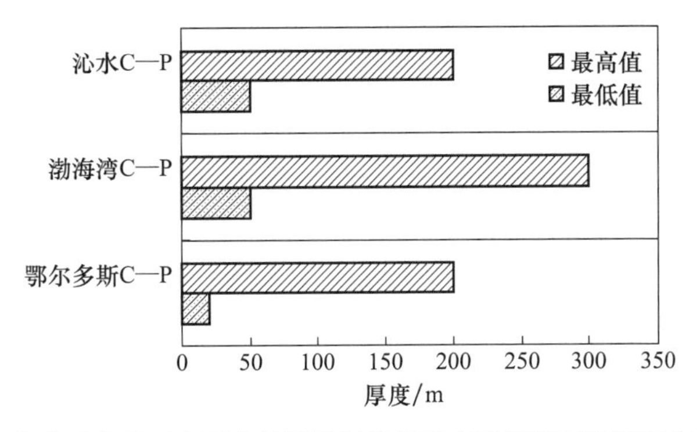


图 2-73 华北及东北区主要盆地海陆过渡相富有机质泥页岩厚度分布对比图

（三）陆相泥页岩分布特征对比分析

陆相湖泊的暗色泥页岩主要形成于晚古生代以来的湖泊沉积环境，主要形成于湖盆的水进体系域沉积环境中，有机质为湖生浮游生物及部分陆源高等植物，以腐泥型干酪根为主。中新生代含油气盆地的湖相页岩沉积范围广，泥页岩的分布虽然在平面上受限于分隔性较强的陆相环境，但泥页岩累计沉积厚度大，部分地区厚度可达上千米（表 2-3）。松辽盆地、鄂尔多斯盆地等中新生界、东部断陷盆地（渤海湾盆地、泌阳凹陷）新生界都在湖侵时期沉积了巨厚的富含有机质的泥页岩。例如，松辽盆地拗陷层发育的嫩江组和青山口组两套富含有机质泥页岩，在全盆地稳定分布，在中央拗陷区厚度大于 200m。鄂尔多斯盆地延长组长七段主要为深湖相沉积，富有机质泥页岩平均厚度为 20～40m。渤海湾盆地古近系泥页岩厚度为 200～2500m（图 2-74）。整体上，古近系的泥页岩累计厚度大、分布不连续；白垩系的泥页岩累计厚度较大，分布连续稳定；三叠系的泥页岩累计厚度较小，分布范围局限。

**表 2-3 华北及东北地区主要盆地陆相泥页岩分布**

| 时代 | 地层 | 分布地区 | 泥页岩厚度/m | 面积/$10^4$km$^2$ |
| --- | --- | --- | --- | --- |
| 中生代 | 三叠系 | 鄂尔多斯盆地 | 20～160 | 4～5 |
| | 白垩系 | 松辽盆地 | 200～400 | 4～5 |
| 新生代 | 古近系 | 辽河拗陷 | 300～2300 | 0.8～1 |
| | 古近系 | 黄骅拗陷 | 2000～2500 | 1～1.5 |
| | 古近系 | 济阳拗陷 | 220～1300 | 1.2～1.5 |

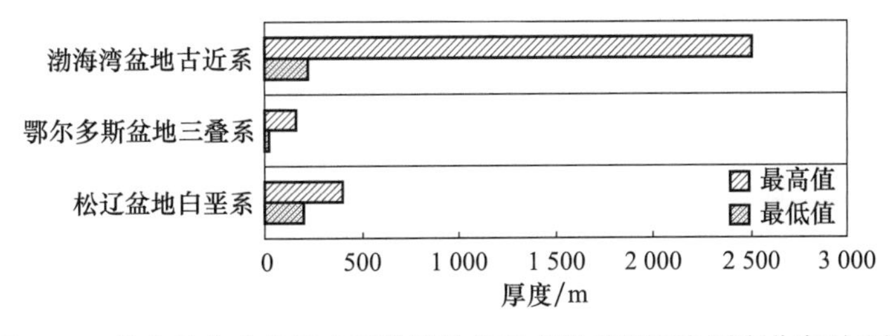


图 2-74 华北及东北地区主要盆地陆相富有机质泥页岩厚度分布对比图

从晚古生代开始，中国陆续开始发育陆相泥页岩。尤其在中新生代时期，华北及东北地区普遍发育陆相富有机质泥页岩，如鄂尔多斯盆地和松辽盆地等中生界地层、渤海湾盆地古近系地层等，陆相富有机质泥页岩的地层时代较新。

（四）影响泥页岩分布的控制因素

泥页岩层系的发育与构造及沉积作用之间的关系密切，构造演化过程、缺氧等沉积事件、沉积盆地性质及沉积相展布格局是泥页岩形成和分布的主要控制因素，区域性的构造抬升和剥蚀对泥页岩展布的连续性有着重要的影响。陆相泥页岩的形成与分布主要与湖盆的构造演化、湖侵体系域的规模及沉积相带的展布有关。

泥页岩的形成代表了重要的沉积事件，也是构造事件的重要表现。前人研究表明，构造转换阶段有利于形成多种缺氧环境，从而出现并保存丰富的有机质，主力生烃层的发育层位均出现在区内板块构造格局或沉积盆地性质发生重大变革的转换时期，与特定的区域构造运动界面（或超层序界面）密切相关。由于沉积盆地的形成、发展和性质直接受控于板块构造环境的演化过程，因而泥质生烃层的发育及展布规律与板块构造演化过程存在密切的对应关系。板块构造运动的多期性和活动性质的多变性，是造成不同时代和不同性质沉积盆地多期次叠加发育、演化及相关烃源岩系多旋回和多层次发育的主要控制因素。此外，构造作用对烃源岩发育的控制作用还表现在通过对海陆分异格局、海底地貌格局的控制而控制了海相烃源岩的时空分布。通过控制地球表面海陆格局、陆地地势分异、冰川类型等下垫面形式的变化，从而引起古大气环流、气候带，古洋流形式、类型的形成和演变，影响高有机质丰度沉积物的形成和堆积。

生物为烃源岩生烃提供了物质基础，其原始生产力是控制沉积物中有机质丰度及烃源岩形成的最重要因素。缺氧条件不仅对于海相富有机质泥页岩的形成非常重要，还是优质湖相泥页岩形成的必要条件。湖水的分层现象是湖泊系统的重要特征，湖水的分层可以造成底水缺氧，有利于有机质的保存。引起湖泊水体分层主要是由于温度、盐度造成湖水密度变化，从而形成温跃层和盐跃层。有机质在湖底沉积中能否得到保存与含氧水体的接触时间有关，沉降速率越高，沉积速度越大，与含氧水体接触的时间越短，越有利于保存。

泥质烃源岩的发育与沉积相的展布关系密切，尽管浅水环境含氧量高、光照充足，有利于生物的生存，但不利于生物有机质的保存，而深水环境能量较弱，沉积界面主要处于浪基面以下，生物死亡后落入还原界面以下保存，氧化损失少，有机质丰度较高，有利于烃源岩的发育。相对而言，缺氧、还原相带更有利于有机质的保存，烃源岩有机质丰度较高，类型较好。

## 二、页岩气地质条件对比分析

### （一）海相页岩气地质条件对比分析

1. 有机质类型

1）辽西元古界

中新元古界源岩干酪根多呈棕黄色-深棕色，以云雾状和絮状无定形结构为主的特征，类脂组含量大于85%，类型指数大于70，类型为$Ⅱ_1$-Ⅰ型。

在扫描电镜下洪水庄组泥页岩有机质多呈团块状和球状无定形腐泥及藻腐泥结构，属于腐泥型。

由$δ^{13}C$来确定源岩原始母质类型：$δ^{13}C<-28‰$（PDB）属Ⅰ型母质；$δ^{13}C$为$-27‰\sim-24‰$（PDB）属Ⅱ型母质；$δ^{13}C>-24‰$（PDB）属Ⅲ型母质。对于前泥盆纪海相源岩，其有机母质一般以菌藻为主，一般属Ⅰ型有机母质。

由野外露头和韩1井样品分析表明：中新元古界源岩的干酪根碳同位素多分布在$-33.85‰\sim-29.2‰$，具有很好的可比性，说明它们均来自同源的低等水生生物，为Ⅰ型有机质。

中新元古界各组段源岩有机质类型为Ⅰ-$Ⅱ_1$型，侏罗系和石炭系源岩有机质类型落在$Ⅱ_2$型和Ⅲ区域内。

中新元古界源岩的沥青“A”族组成总体上具有高饱和烃、高非烃、低芳烃的特征。饱和烃含量多为30%～60%，芳烃含量多小于30%。源岩的族组成特征与油苗的族组成特征很接近，与石炭系、二叠系及侏罗系煤系地层的饱和烃含量小于18%，区别十分显著，反映中新元古界的源岩有机质类型多属于Ⅰ-$Ⅱ_1$型，少数为$Ⅱ_2$型。

2）鄂尔多斯盆地下古生界

有机质类型绝大多数属于Ⅰ型（占73%），其次是$Ⅱ_1$型，$Ⅱ_2$型少见。而根据本次对平凉组野外页岩样品的热解分析表明平凉组富有机质页岩有机质类型除太统山剖面以$Ⅱ_2$型为主，其他均为Ⅰ型干酪根类型。综合前人分析及本次测试分析结果，鄂尔多斯盆地下古生界平凉组富有机质页岩有机质类型主要为Ⅰ型，个别为$Ⅱ_1$型和$Ⅱ_2$型。

2. 有机碳含量及其变化

1）辽西元古界

洪水庄组页岩TOC平均为1.41%，最高可达6.22%。主体以TOC大于1.0%的好生油岩为主，占40%，较好和好生油岩样品已占到60%，差和非生油岩样品占20%。氯仿沥青“A”分布在0.0001%～0.0624%，全区11块样品平均为0.0140%。该组氯仿沥青“A”的分布主体小于0.003%，仅有9.1%的样品“A”大于0.05%。生烃潜量为0.02～3.61mg/g，22块样品平均值为0.56mg/g。其生烃潜量的频率分布以较低值为主频。尽管遭受了不同程度的地表风化作用，但部分样品仍显示较高的有机质丰度。

2）鄂尔多斯盆地下古生界

平凉组泥页岩 TOC 平均为 0.38%。盆地南缘的平凉组泥页岩 TOC 主要分布在 0.2%～0.3%，占 50%以上，盆地西缘的泥页岩 TOC 平均为 0.37%，高于南缘泥页岩含量，纵向上平凉组上段有机质较贫，下段有机质较富，如惠探 1 井乌拉力克组（相当于下平凉组）泥页岩 TOC 平均为 0.63%，拉什仲组（相当于上平凉组）泥页岩 TOC 平均为 0.17%。有机碳含量井上样品测试结果总体上比邻近地表露头样品高出 20%～30%，从相带上来看较深的海底扇相带中有机质丰度高于斜坡相和陆棚相。

平凉组 TOC 的平面分布总体表现为北高南低的特征，北部布 1 井和天深 1 井之间 TOC 一般为 0.6%～1.4%，盆地西缘往南 TOC 逐渐降低至 0.2%以下。

3. 有机质成熟度

1）辽西元古界

高于庄组的 $T_{max}$ 为 490℃，已进入高成熟的湿气阶段；雾迷山组 $T_{max}$ 为 482℃，处于高成熟凝析油阶段；洪水庄组—铁岭组 $T_{max}$ 较低，为 443℃，处于生油主带阶段；下马岭组由于受辉绿岩体的侵入烘烤，$T_{max}$ 在各组地层中最高，为 491℃，已进入高成熟的湿气阶段。

2）鄂尔多斯盆地下古生界

整个盆地下古平凉组含气页岩发育区有机质成熟度总体上达到成熟-过成熟阶段；棋探 1 井至惠探 1 井、马家滩一带 $R_o$ 达 1.9%～2.1%，在盆地西缘南段平凉地区 $R_o$ 为 1.5%～1.7%。

由于热演化程度偏高，南缘平凉组烃源岩现今生烃潜力很低，说明已基本经历了供烃成藏的地质历史过程；而西缘平凉组烃源岩热演化程度既有属于高成熟-过成熟阶段的（已经历过强烈生烃），也有处于生油窗范围的，还有仍为低熟阶段者（平凉以西地区）。

### （二）海陆过渡相页岩气地质条件对比分析

华北及东北地区主要盆地海陆过渡相泥页岩分布广泛，存在区域发育页岩气的地质背景和条件，潜力巨大。与美国的海相地层整体对比，海陆过渡相泥页岩现今埋深大，有机质成熟度相对较高、有机质丰度高、有机质类型以Ⅱ型和Ⅲ型居多。整体上，沁水盆地的 $R_o$、有机质丰度均高于渤海湾盆地和鄂尔多斯盆地，华北及东北地区石炭系—二叠系 $R_o$ 集中分布在 1.5%～2.5%，有机质丰度集中分布在 1.5%～4.5%。石炭系—二叠系海陆过渡相主要发育有三角洲相，而三角洲相砂泥页岩互层性好，有利于页岩气压裂施工，所以，三角洲相高有机质丰度、适中有机质成熟度的泥页岩是海陆过渡相页岩气研究和勘探重要领域（图 2-75、图 2-76）。

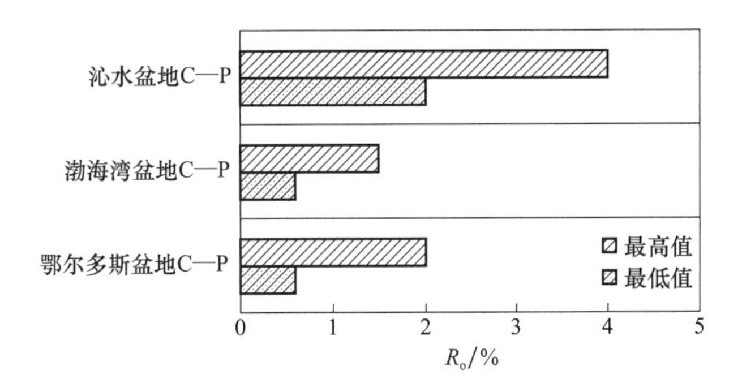


图 2-75　华北及东北地区主要盆地海陆过渡相富有机质泥页岩 $R_o$ 分布图

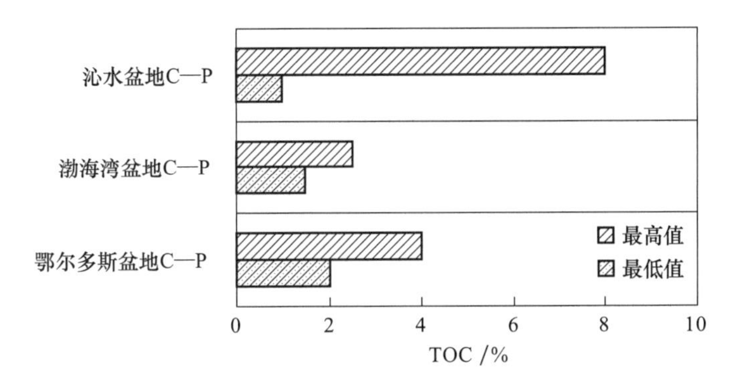


图 2-76　华北及东北地区主要盆地海陆过渡相富有机质泥页岩有机质丰度分布图

（三）陆相页岩气地质条件对比分析

陆相泥页岩现今埋深适中、有机质成熟度相对较高、有机质类型以Ⅱ型和Ⅰ型居多。整体上，渤海湾盆地古近系、松辽盆地白垩系有机质成熟度较高；松辽盆地白垩系的有机质丰度高于渤海湾盆地古近系、鄂尔多斯盆地三叠系，华北及东北地区古近系页岩气生成条件，最为优越，其次是三叠系和白垩系（图 2-77、图 2-78）。

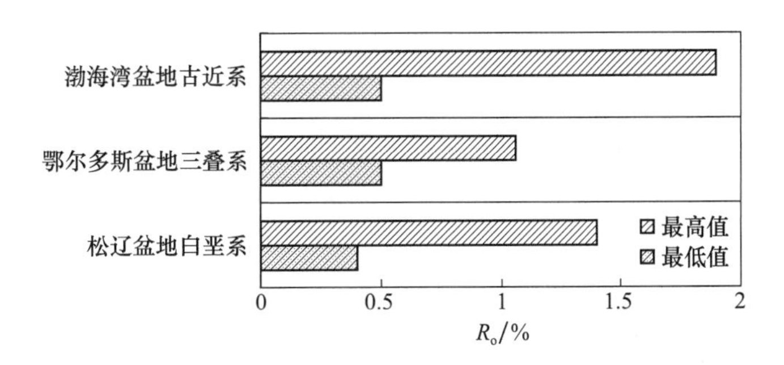


图 2-77　华北及东北地区主要盆地陆相富有机质泥页岩有机质成熟度分布

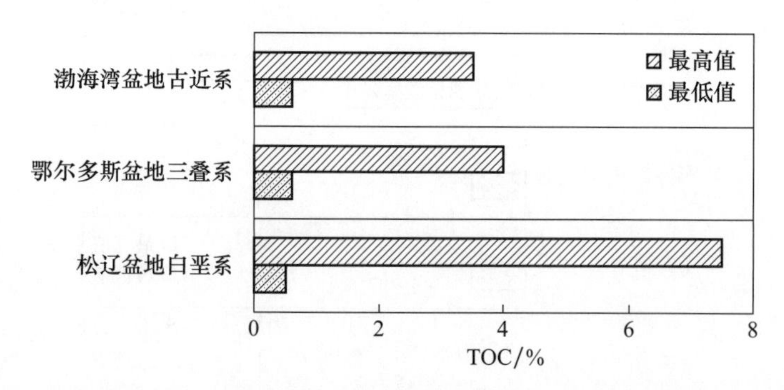


图 2-78 华北及东北地区主要盆地陆相富有机质泥页岩有机质丰度分布

（四）海陆过渡相和陆相页岩气地质特点

从元古代到第四纪的地质时期内，连续形成了从海相、海陆过渡相到陆相等多种沉积环境下的多套富有机质泥页岩层系（表 2-4），形成了多种类型的有机质，但由于后期构造变动复杂，有机质生气、含气及保存条件差异较大，形成了页岩气的多样性。

表 2-4 不同沉积环境泥页岩地质特征对比

| 地质特征 | 海相 | 海陆过渡相 | 陆相 |
|---|---|---|---|
| 主要岩性 | 黑色页岩 | 暗色泥页岩 | 暗色泥页岩 |
| 伴生地层 | 海相砂质岩、碳酸盐岩 | 煤层、砂质岩 | 陆相砂质岩、煤层 |
| 地层厚度 | 单层厚度大 | 与砂质岩、煤层互层 | 单层厚度薄与砂质岩互层频繁 |
| 发育规模 | 区域分布稳定 | 分布相对连续 | 盆地内局部分布、变化快 |
| 有机质丰度 | 偏高 | 偏高 | 较高 |
| 有机质类型 | Ⅰ型、Ⅱ型为主 | Ⅱ型、Ⅲ型为主 | Ⅱ型、Ⅰ型为主 |
| 有机质成熟度 | 高成熟-过成熟 | 成熟-高成熟 | 低成熟-成熟 |
| 矿物含量 | 脆性矿物含量高 | 脆性矿物含量较高 | 脆性矿物含量较低 |

在不同地质时代形成了海陆过渡相及陆相地层，其地层组合特征各不相同。海陆过渡相页岩分布范围广，相对稳定的富有机质泥页岩常与砂岩、煤层等其他岩性频繁互层；陆相页岩主要表现为巨厚的泥页岩层系，泥页岩与砂质薄层发育，累计厚度大、平面分布局限，侧向变化快。地层组合特点决定了页岩气地质条件的巨大差别。

石炭系、二叠系、三叠系、白垩系、古近系均发育多套富有机质泥页岩层系。页岩层系平面分布广、层位多。由新到老，虽然有机质成熟度依次增加，但各层系页岩成岩作用逐渐加强，原生游离含气空间递次消亡，导致各层系页岩含气特点各有不同。在含气特点方面，总体表现为吸附气相对含量依次增加。在相同保存条件下，上古生界游离气相对大，中新生界则可能由于成熟度原因形成页岩油气共生现象，溶解气含量相对大。

在华北、东北地区由于上覆地层较厚，页岩气保存条件良好；在鄂尔多斯盆地等稳定区，埋藏条件相对适中，保存条件较好，是页岩气发育的最有利区域；在构造运动复杂的后期抬隆区，虽然泥页岩有机地球化学等条件有利，但地层普遍遭受抬升及后期剥蚀，保存条件受到严重影响，导致地层总含气量普遍降低。

不同大地构造背景决定了沉积相变化较大，形成不同类型的有机质，对应产生不同的页岩气生成条件及含气特点，在统一的工业含气性标准条件下，对生物、热解、裂解等不同成因类型的页岩气需要分别采取有针对性的资源评价方法及有利选区标准。在海陆过渡相条件下，具有偏生油特点的沉积有机质需要相对较高的有机质成熟度，评价方法和选区标准可参考美国东部地区页岩气；在陆相条件下，三种类型干酪根均有不同程度的发育，在有机质成熟度较低时，表现为页岩油气共生，含气量变化同时受控于有机质类型、有机质成熟度、埋深及保存等多重因素，评价方法和标准需要针对不同沉积盆地进行侧重研究。

### 三、页岩气富集特征

由于沉积环境在地质历史上的多重复杂变化，海陆过渡相及陆相背景下形成的多种类型有机质均有发育。暗色泥页岩沉积类型多样，从海陆过渡浅水相再到陆相湖盆沼泽相沉积，极大地丰富了泥页岩及其中的有机质类型。受板块结构及地质演变的复杂特点影响，泥页岩的有机质类型、含量、生气能力和特点变化亦差别明显。沉积相决定整个泥页岩展布和地球化学特征、页岩气资源前景和分布规律。

海陆过渡相暗色泥页岩主要形成于三角洲相、潟湖相，主要表现为高位体系域沉积背景。泥页岩累计厚度较大，同样具有典型砂泥页岩互层，多为砂质页岩和碳质页岩。陆相暗色泥页岩主要形成于湖泊沉积环境中，主要表现为与海相页岩相似的水进体系域沉积背景。虽然平面分布受限于分隔性较强的陆相环境，但泥页岩累计厚度大，湖相泥页岩与砂岩交替变化，泥页岩的薄互层状展布特点更具特色。

海陆过渡相分析以鄂尔多斯盆地为例，主要发育潟湖相、三角洲前缘及三角洲平原。总体上呈东西厚南北薄的分布特点，中部地区主要发育潟湖相沉积，潟湖相的水体相对宁静，位于障壁岛后，泥页岩发育，厚度达 100m，有机质丰度有同样的规律；东西部主要发育三角洲前缘，三角洲前缘是三角洲最活跃的沉积中心，泥页岩厚度也较大，厚度达 40～60m；盆地南北部沉积相主要为三角洲平原，三角洲平原亚相是三角洲的陆上沉积部分，其范围包括从河流大量分叉处位置至海平面以上的广大河口地区，厚度达 20～40m。总体来讲，潟湖相好于三角洲前缘，再次为三角洲平原（图 2-79）。陆相沉积分析以松辽盆地为例。盆地主要发育深湖-半深湖相和滨浅湖相。泥页岩厚度从盆地中心向周缘厚度减薄，中心主要为深湖-半深湖相沉积，泥页岩厚度较大，达 100～130m。深湖和半深湖亚相水体深，地处还原或弱还原环境，适于有机质的保存和向石油的转化，是良好的生烃环境。盆地边缘滨浅湖形成的暗色泥页岩可成为良好的生油岩，厚度达 80～120m，有机质丰度有同样的规律。总体来讲，深湖-半深湖相好于滨浅湖相、洪泛平原相（图 2-80）。

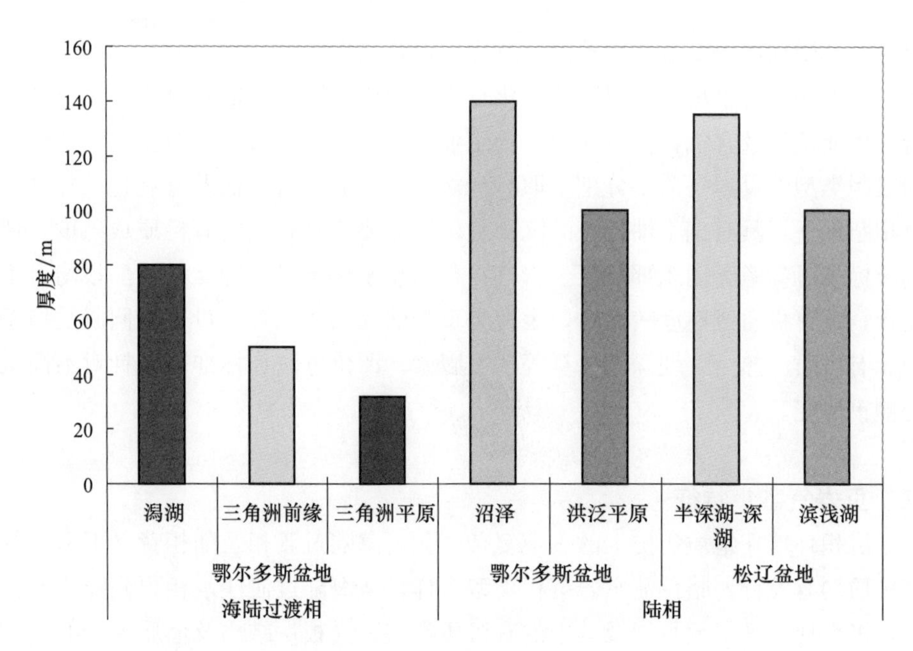


图 2-79 华北及东北地区主要盆地沉积相与页岩厚度关系图

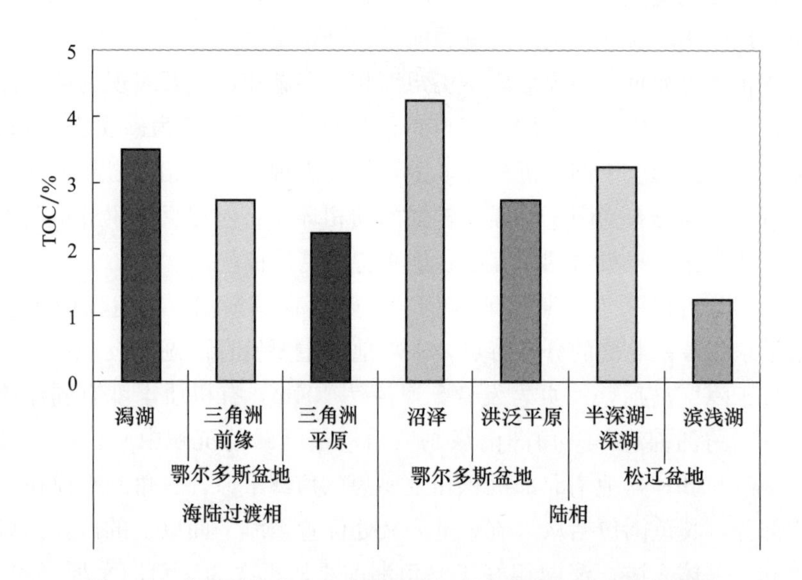


图 2-80 华北及东北地区主要盆地沉积相与有机质丰度关系图

华北及东北地区海陆过渡相、陆相地层厚度、有机质丰度与中国南方海相地层差别不大，甚至古近系厚度远大于南方海相地层，但有机质成熟度海相地层明显高于海陆过渡相、陆相地层。有机质丰度整体上海相、海陆过渡相、陆相差别不大；由于煤系地层的特殊环境，导致煤系地层有机质丰度相对较高。海陆过渡相地层有机质类型以Ⅱ型、Ⅲ型居多，陆相地层有机质类型以Ⅱ型、Ⅰ型居多。在相同有机质成熟度下，Ⅲ型有机质生气量多于Ⅱ型，Ⅱ型有机质生气量多于Ⅰ型，但总体上Ⅰ型有机质生气量多于Ⅱ

型、Ⅲ型有机质（图 2-81）。陆相地层中，从湖相沉积中心深湖向湖盆边缘，从Ⅰ型逐渐过渡到Ⅲ型有机质。

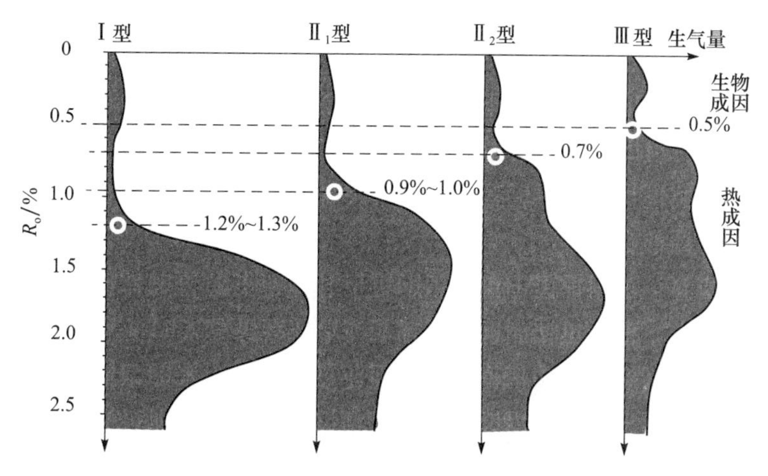


图 2-81　不同类型有机质类型生气模式简图

总体上，海相、海陆过渡相、陆相地层富有机质泥页岩厚度集中在 50～100m，差别不大，但古近系地层厚度高于其他地层；有机质丰度集中在 1.5％～4％，差别也不大，但煤系地层有机质丰度较高；有机质成熟度海相地层高于海陆过渡相、海陆过渡相高于陆相。通过泥页岩厚度、有机质丰度、有机质成熟度的综合对比分析认为，虽然海相有机质成熟度高于海陆过渡相和陆相，但海陆过渡相和陆相有机质丰度、厚度有些层位高于海相。在泥页岩厚度、有机质丰度差别不大的情况下，海相地层页岩气前景更好，其次是海陆过渡相，最后是陆相；如果海陆过渡相和陆相泥页岩厚度、有机质丰度好于海相，海相、海陆过渡相、陆相的前景差别不大，甚至有些地区由于陆相地层物性条件好，保存稳定，整体上好于海相和海陆过渡相（图 2-82～图 2-84）。陆相页岩气富集条件构成了典型的页岩气富集特点，泥页岩层系多、成因变化复杂、滚动沉积特征明显、相带分隔明显、薄互层变化频率高、页岩气富集条件多变的区域特征。

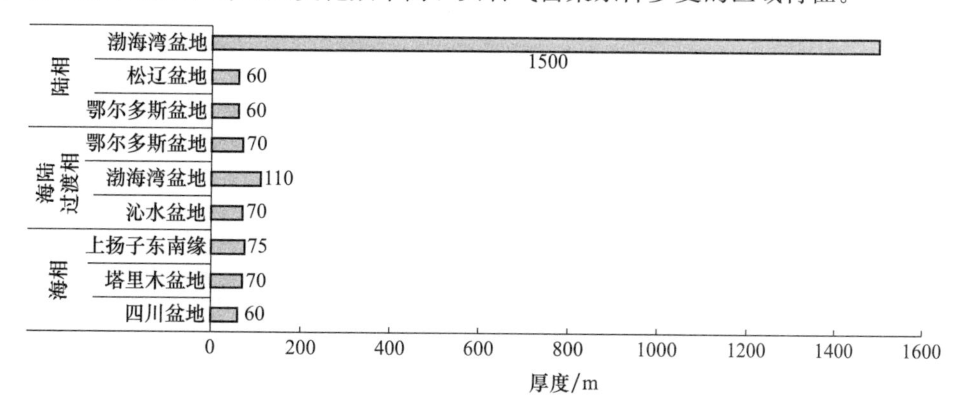


图 2-82　中国不同类型富有机质泥页岩厚度分布对比图

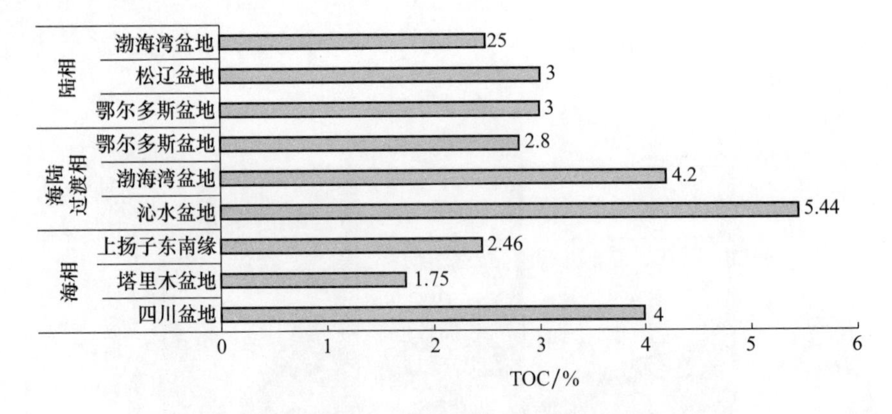


图 2-83 中国不同类型富有机质泥页岩有机质丰度分布对比图

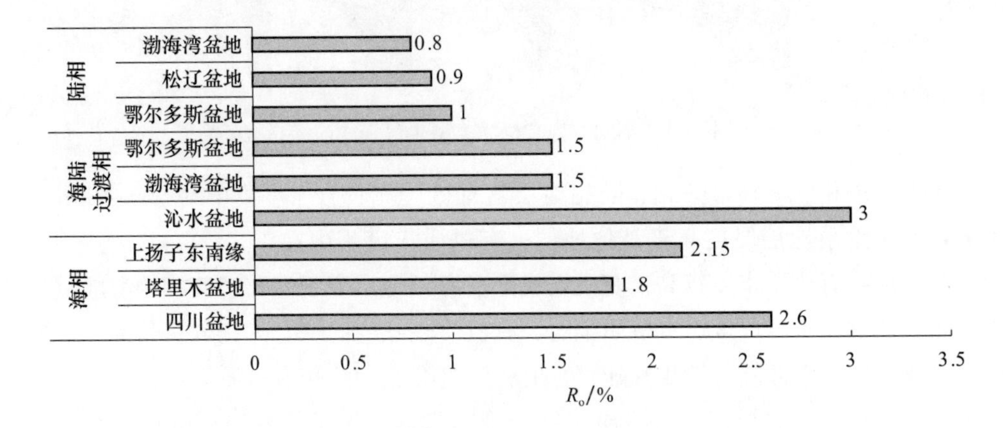


图 2-84 中国不同类型富有机质泥页岩有机质成熟度分布对比图

一般页岩具有高含量的黏土矿物，但暗色富有机质泥页岩的黏土矿物含量通常较低。页岩气必须寻找能够压裂成缝的页岩，即页岩的黏土矿物含量足够低（小于 50%）、脆性矿物含量丰富，使其易于成功压裂。脆性矿物含量是影响页岩基质孔隙和微裂缝发育程度、含气性及压裂改造方式等的重要因素。岩石矿物组成对页岩气后期开发至关重要，具备商业性开发价值的页岩，一般脆性矿物含量要高于 40%，黏土矿物小于 30%。而华北及东北地区的脆性矿物无论海陆过渡相还是海相含量均较高，甚至高于美国的页岩气脆性矿物含量，有利于页岩气勘探开发。

第三章

# 页岩气（油）有利区优选标准与资源潜力评价方法

## 第一节　页岩气（油）有利区选区标准

### 一、相关术语

依据我国页岩气（油）资源特点，将页岩气（油）分布区划分为远景区、有利区和目标区三级（图 3-1）。本书评价工作只进行有利区优选。

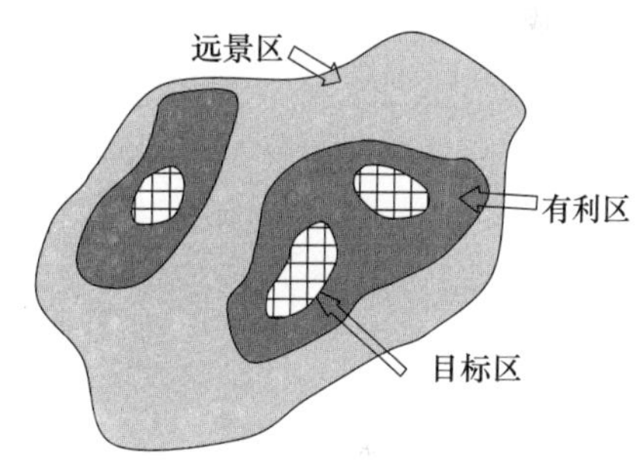

图 3-1　页岩气分布区划分示意图

页岩气远景区：在区域地质调查的基础上，结合地质、地球化学、地球物理等资料，优选出具备规模性页岩气形成地质条件的潜力区域。

页岩气有利区：主要依据页岩分布、评价参数、页岩气显示以及少量含气性参数优选出来，经过进一步钻探能够或可能获得页岩气工业气流的区域。

页岩气目标区：在页岩气有利区内，主要依据页岩发育规模、深度、地球化学指标和含气量等参数确定，在自然条件或经过储层改造后能够具有页岩气商业开发价值的区域。

页岩油远景区：在区域地质调查的基础上，结合地质、地球化学、地球物理等资料，优选出具备页岩油形成基本地质条件的潜力区域。

页岩油有利区：发育在优质生烃泥页岩层系内部的，经过进一步钻探能够或可能获得页岩油流的区域。

页岩油目标区：在页岩油有利区内，在自然条件或经过储层改造后能够具有液态烃商业开采价值的区域。

### 二、页岩气（油）有利区优选标准

#### （一）页岩气有利区优选标准

中国页岩气发育地质条件复杂，分为海相、海陆过渡相和陆相三大类型，在选区过程中宜按不同标准进行优选。以美国已商业性开采页岩的基本参数、我国不同类型页岩气的实际地质参数、统计规律及我国气源岩分级标准等为依据，结合多年来作者在不同地区的页岩气勘探实践，经相关专家多次研讨，初步提出我国现阶段不同类型页岩气的有利区优选标准（表 3-1～表 3-6）。

1. 远景区优选

选区基础：从整体出发，以区域地质资料为基础，了解区域构造、沉积及地层发育背景，查明含有机质泥页岩发育的区域地质条件，初步分析页岩气的形成条件，对评价区域进行以定性-半定量为主的早期评价。

选区方法：基于沉积环境、地层、构造等研究，采用类比、叠加、综合等技术，选择具有页岩气发育条件的区域，即远景区（表 3-1、表 3-2）。

**表 3-1 海相页岩气远景区优选参考标准**

| 主要参数 | 变化范围 |
|---|---|
| TOC | 平均不小于 0.5%（特殊情况可下调至 0.3%） |
| $R_o$ | 不小于 1.1%（根据具体情况 $R_o$ 实际掌握，下同） |
| 埋深 | 100～4500m |
| 地表条件 | 平原、丘陵、山区、沙漠及高原等 |
| 保存条件 | 有区域性页岩的发育、分布，保存条件一般 |

**表 3-2 陆相、海陆过渡相页岩气远景区优选参考标准**

| 主要参数 | 变化范围 |
|---|---|
| TOC | 平均不小于 0.5%（特殊情况下调至 0.3%） |
| $R_o$ | 不小于 0.4% |
| 埋深 | 100～4500m |
| 地表条件 | 平原、丘陵、山区、沙漠及高原等 |
| 保存条件 | 有区域性页岩的发育、分布，保存条件一般 |

2. 有利区优选

选区基础：结合泥页岩空间分布，在进行地质条件调查并具备地震资料、钻井（含参数浅井）以及实验测试等资料，掌握页岩沉积相特点、构造模式、页岩地化指标及储集特征等参数的基础上，依据页岩发育规律、空间分布及含气量等关键参数在远景区内进一步优选出的有利区域。

选区方法：基于页岩分布、地化特征及含气性等研究，采用多因素叠加、综合地质评价、地质类比等多种方法，开展页岩气有利区优选及资源量评价（表 3-3、表 3-4）。

**表 3-3 海相页岩气有利区优选参考标准**

| 主要参数 | 变化范围 |
|---|---|
| 页岩面积下限 | 有可能在其中发现目标（核心）区的最小面积，在稳定区或改造区都有可能分布。<br>根据地表条件及资源分布等多因素考虑，面积下限为 200～500km$^2$ |

续表

| 主要参数 | 变化范围 |
| --- | --- |
| 泥页岩厚度 | 厚度稳定、单层不小于 10m |
| TOC | 平均不小于 2.0% |
| $R_o$ | Ⅰ型干酪根不小于 1.2%；Ⅱ型干酪根不小于 0.7% |
| 埋深 | 300～4500m |
| 地表条件 | 地形高差较小，如平原、丘陵、低山、中山、沙漠等 |
| 总含气量 | 不小于 0.5m³/t |
| 保存条件 | 中等-好 |

**表 3-4 陆相、海陆过渡相页岩气有利区优选参考标准**

| 主要参数 | 变化范围 |
| --- | --- |
| 页岩面积下限 | 有可能在其中发现目标（核心）区的最小面积，在稳定区或改造区都有可能分布。根据地表条件及资源分布等多因素考虑，面积下限为 200～500km² |
| 泥页岩厚度 | 单层泥页岩厚度不小于 10m；泥地比大于 60%，单层泥岩厚度大于 6m，且连续厚度不小于 30m |
| TOC | 平均不小于 2.0% |
| $R_o$ | Ⅰ型干酪根不小于 1.2%；Ⅱ型干酪根不小于 0.7%；Ⅲ型干酪根不小于 0.5% |
| 埋深 | 300～4500m |
| 地表条件 | 地形高差较小，如平原、丘陵、低山、中山、沙漠等 |
| 总含气量 | 不小于 0.5m³/t |
| 保存条件 | 中等-好 |

3. 目标区优选

选区基础：基本掌握页岩空间展布、地化特征、储层物性、裂缝发育、实验测试、含气量及开发基础等参数，有一定数量的探井实施，并已见到了良好的页岩气显示。

选区方法：基于页岩空间分布、含气量及钻井资料研究，采用地质类比、多因素叠加及综合地质分析技术优选能够获得工业气流或具有工业开发价值的地区（表 3-5、表 3-6）。

**表 3-5 海相页岩气目标区优选参考标准**

| 主要参数 | 变化范围 |
| --- | --- |
| 页岩面积下限 | 有可能在其中形成开发井网并获得工业产量的最小面积，下限为 50～100km² |
| 泥页岩厚度 | 厚度稳定，单层厚度不小于 30m |
| TOC | 大于 2.0% |
| $R_o$ | Ⅰ型干酪根不小于 1.2%；Ⅱ型干酪根不小于 0.7% |

续表

| 主要参数 | 变化范围 |
| --- | --- |
| 埋深 | 500～4000m |
| 总含气量 | 不小于 1.0$m^3$/t |
| 可压裂性 | 适合于压裂 |
| 地表条件 | 地形高差小，且有一定的勘探开发纵深 |
| 保存条件 | 好 |

**表 3-6　陆相、海陆过渡相页岩气目标区优选参考标准**

| 主要参数 | 变化范围 |
| --- | --- |
| 页岩面积下限 | 有可能在其中形成开发井网并获得工业产量的最小面积，根据地表条件及资源分布等多因素考虑，面积下限为 50～100$km^2$ |
| 泥页岩厚度 | 单层厚度不小于 30m；泥地比大于 80%，连续厚度不小于 40m |
| TOC | 大于 2.0% |
| $R_o$ | Ⅰ型干酪根不小于 1.2%；Ⅱ型干酪根不小于 0.7%；Ⅲ型干酪根不小于 0.5% |
| 埋深 | 500～4000m |
| 总含气量 | 一般不小于 1.0$m^3$/t |
| 可压裂性 | 适合于压裂 |
| 地表条件 | 地形高差小，且有一定的勘探开发纵深 |
| 保存条件 | 好 |

在资源潜力评价和选区工作中，各项参数（含气量、有机碳含量、有机质成熟度、地层厚度等）标准原则上需要执行指南规定。确有必要的，可根据具体情况进行适当调整。

### （二）页岩油有利区优选标准

#### 1. 远景区优选

结合常规油气勘探成果，已具备大中型油田的沉积盆地通常具有一定规模的有效生油岩，均是页岩油发育的远景区（表 3-7）。

#### 2. 有利区优选

在前期油气勘探工作中，已在钻井、气测、录井及测试工作中发现泥页岩含烃异常，并基本掌握了异常层系的发育规模、有机地化特征、岩石学特征及少量含油性特征，经过进一步评价工作可确定含气层段的区域是页岩油发育的有利区（表 3-7）。

#### 3. 目标区优选

通过实验模拟、分析测试等工作，获得较多有利泥页岩层段空间分布及含油性等相关参数，掌握裂缝发育规律、可动油潜力、储层可压裂性、地层压力等开发地质条件，通过钻探可获得工业油流的区域是页岩油发育的目标区（表 3-7）。

表 3-7 我国页岩油远景区优选参考标准

| 区域 | 主要参数 | 参考标准 |
| --- | --- | --- |
| 远景区 | 沉积相 | 海相、陆相（深湖、半深湖、浅湖）等 |
| | 泥页岩厚度 | 有效泥页岩层段大于 20m |
| | TOC | 大于 0.5% |
| | $R_o$ | 0.5%～1.2% |
| | 可改造性 | 脆性矿物含量大于 30% |
| 有利区 | 有效泥页岩 | 有效层段连续厚度大于 30m，泥页岩与地层单元厚度比值大于 60% |
| | 埋深 | 小于 5000m |
| | TOC | 大于 1.0% |
| | $R_o$ | 0.5%～1.2% |
| | 可改造性 | 脆性矿物含量大于 35% |
| | 原油相对密度 | 小于 0.92 |
| | 含油率（质量分数） | 大于 0.1% |
| 目标区 | 有效泥页岩 | 单夹层厚度小于 3m，地层单元厚度比值大于 60%，有效层段连续厚度大于 30m |
| | 埋深 | 1000～4500m |
| | TOC | 大于 2.0% |
| | $R_o$ | 0.5%～1.2% |
| | 可改造性 | 脆性矿物含量大于 40% |
| | 原油相对密度 | 小于 0.92 |
| | 含油率（质量分数） | 大于 0.2% |

## 三、选区结果提交

### （一）页岩气选区结果提交

在页岩形成的地质背景、类型特征及页岩气发育条件研究的基础上，按照各大区评价单元不同层系的面积、厚度、埋深、有机碳含量、有机质热演化程度、含气量及保存条件等特点，依据选区标准，主要采用多因素叠合和综合分析法进行选区。

要求提交优选出的各个有利区的经纬度坐标、面积、含气页岩层系、构造位置、地理位置及地表条件信息，填写表 3-8。

表 3-8 有利区信息统计表

| 有利区 | 经纬度坐标 | 面积/$km^2$ | 层系 | 构造位置 | 地理位置 | 地表条件 |
| --- | --- | --- | --- | --- | --- | --- |
| 有利区 1 名称 | | | | | | |
| 有利区 2 名称 | | | | | | |
| … | | | | | | |

填表人： 校对人： 审核人： 填表时间：

根据地质条件、可信度等不同，可对优选的有利区进行进一步分类。

（二）页岩油选区结果提交

提交优选出的各个有利区的经纬度坐标、面积、含气页岩层系、构造位置、地理位置及地表条件信息，填写表 3-9。

**表 3-9 有利区信息统计表**

| 有利区 | 经纬度坐标 | 面积/$km^2$ | 层系 | 构造位置 | 地理位置 | 地表条件 |
| --- | --- | --- | --- | --- | --- | --- |
| 有利区 1 名称 | | | | | | |
| 有利区 2 名称 | | | | | | |
| … | | | | | | |

填表人： 校对人： 审核人： 填表时间：

# 第二节 页岩气（油）资源潜力评价方法

## 一、相关术语

页岩气：赋存在泥页岩层系中的天然气。天然气的赋存介质包括页岩、泥岩及其中的夹层，赋存相态包括吸附相、游离相和溶解相。

含气页岩层系：有直接或间接证据表明含有页岩气，并可能具有工业价值页岩气聚集的页岩层系。

页岩气资源：页岩层系中赋存的页岩气总量，是发现与未发现资源量的总和。

页岩气地质资源量：根据一定的地质和工程依据计算，当前可开采利用或可能具有潜在利用价值的页岩气数量，即根据目前的地质资料计算出来的当勘探工作量和勘探技术充分使用的条件下，最终可探明的具有现实或潜在经济意义的页岩气总量。

页岩气可采系数：页岩地层中可采出的量占其地质资源量的比例，是地质资源量计算可采资源量的关键参数。

页岩气可采资源量：在现行的经济和技术条件下，预期从某一具有明确地质边界的页岩范围内（最终）可能采出并具有经济意义的天然气数量。

页岩油：有效生烃泥页岩层系中具有勘探开发意义并以液态为主的烃类。页岩油主要以游离态、吸附态及溶解态等方式赋存于泥页岩基质孔隙、裂缝以及砂岩、碳酸盐岩、火山岩等夹层中。

页岩油有效泥页岩：具有一定的有机碳含量、曾经生成原油或目前处于生油范围内、可形成工业性页岩油聚集的泥页岩。

页岩油地质资源量：根据一定的地质依据计算、当前可开采利用或可能具有潜在利用价值的页岩油数量，即根据目前地质资料计算出来、在勘探工作量和当前已知的勘探技术充分使用的条件下，可以探明的具有现实或潜在经济意义的页岩油总量。

页岩油可采资源量：在现行的经济和技术条件下，预期从某一具有明确地质边界的泥页岩范围内（最终）可能采出并具有经济意义的页岩油总量。

## 二、页岩气资源潜力评价方法和参数

### （一）方法原理

依据概率体积法基本原理，页岩气资源量为泥页岩质量与单位质量泥页岩所含天然气（含气量）概率的乘积。

假设 $Q_t$ 为页岩气资源量（$10^8 m^3$），$A$ 为含气泥页岩面积（$km^2$），$h$ 为有效泥页岩厚度（m），$\rho$ 为泥页岩密度（$t/m^3$），$q$ 为含气量（$m^3/t$），则

$$Q_t = 0.01Ah\rho q \tag{3-1}$$

泥页岩含气量是页岩气资源计算和评价过程中的关键参数，是一个数值范围变化较大且难以准确获得的参数，因此，可以采用分解法对（总）含气量进行分别求取。在泥页岩地层层系中，天然气的赋存方式可能为游离态、吸附态或者溶解态，可分别采取不同的方法进行计算

$$q_t = q_a + q_f + q_d \tag{3-2}$$

式中，$q_a$ 为吸附含气量（$m^3/t$）；$q_f$ 为游离含气量（$m^3/t$）；$q_d$ 为溶解含气量（$m^3/t$）。

#### 1. 吸附气含量

获取吸附气含量的方法目前主要是等温吸附实验法，即将待实验样品置于近似地下温度的环境中，模拟并计量不同压力条件下的最大吸附气含量。设 $q_a$ 为吸附气含量（$m^3/t$），$V_L$ 为 Langmuir 体积（$m^3$），$P_L$ 为 Langmuir 压力（MPa），$P$ 为地层压力（MPa），则吸附气含量（$Q_a$）为

$$Q_a = 0.01Ah\rho q_a \tag{3-3}$$

$$q_a = V_L P/(P_L + P) \tag{3-4}$$

采用等温吸附法计算所得的吸附气含量数值通常为最大值，具体地质条件的变化可能会不同程度地降低实际含气量，故实验所得的含气量数据在计算使用时通常需要根据地质条件变化进行校正。

#### 2. 游离气含量

游离气含量的计算可通过孔隙度（包括孔隙和裂缝体积）和含气饱和度实现。设 $\Phi_g$ 为孔隙度（%），$S_g$ 为含气饱和度（%），$B_g$ 为体积系数（无量纲，为将地下天然气体积转换为标准条件下体积的换算系数），则游离气含量（$Q_f$）为

$$Q_f = 0.01Ah\rho q_f \tag{3-5}$$

$$q_f = \Phi_g S_g/(B_g \rho) \tag{3-6}$$

#### 3. 溶解气含量

泥页岩中的天然气可不同程度地溶解于地层水、干酪根、沥青质或原油中，但由于

地质条件变化较大，溶解气含量通常难以准确获得。在地质条件下，干酪根和沥青质对天然气的溶解量极小，而地层水又不是含气泥页岩中流体的主要构成，故上述介质均只能对天然气予以微量溶解，在通常的含气量分析及资源量分解计算中可忽略不计。当地层以含油（特别是含轻质油）为主且油气同存时，泥页岩地层中可含较多溶解气（油溶气），此时可按凝析油方法进行计算。

4. 地质资源量

在不考虑页岩油情况下，页岩气地质资源量为

$$Q_t = 0.01Ah\rho q_t = 0.01Ah(\rho q_a + \Phi_g S_g / B_g) \tag{3-7}$$

含气量是页岩气资源量计算过程中的关键参数，分别可由现场解吸实验法、等温吸附实验法、地质类比法、数学统计法、测井解释法及计算法等多种方法计算获得。但需要说明的是，通过现场解吸实验和等温吸附实验所获得的含气量已经考虑了天然气从地下到地表（或标准条件）由于压力条件改变而引起的体积变化，因此不需要用体积系数（$B_g$）进行校正；但当采用其他方法且未考虑温度和压力条件转变引起的体积变化时，所获得的含气量就需要用体积系数进行校正。

5. 可采资源量

页岩气可采资源量可由地质资源量与可采系数相乘而得。假设 $Q_r$ 为页岩气可采资源量（$10^8 m^3$），$k$ 为可采系数（无量纲），$q_o$ 和 $q_r$ 分别为泥页岩原始和残余含气量（$m^3/t$），则

$$Q_r = Q_t k \tag{3-8}$$

$$k = (q_o - q_r)/q_o \tag{3-9}$$

$$Q_r = (q_o - q_r)Q_t/q_o \tag{3-10}$$

评价中还可视具体情况结合使用类比法、成因法及动态法等。

（二）起算条件

（1）合理确定评价层段：要有充分证据证明拟计算的层段为含气页岩段。在含油气盆地中，录井在该段发现气测异常；在缺少探井资料的地区，要有其他油气异常证据；在缺乏直接证据的情况下，要有足以表明页岩气存在的条件和理由。

（2）有效厚度：单层厚度大于10m（海相）；泥地比大于60%、连续厚度大于30m、最小单层泥页岩厚度大于6m（陆相和海陆过渡相）。计算时应采用有效（处于生气阶段且有可能形成页岩气的）厚度进行赋值计算。若夹层厚度大于3m，则计算厚度时应予以扣除。

（3）有效面积：连续分布的面积大于$50km^2$。

（4）有机碳含量（TOC）和镜质体反射率（$R_o$）：计算单元内必须有 TOC 大于2.0%且具有一定规模的区域。成熟度（$R_o$<3.5%）：Ⅰ型干酪根大于1.2%；$Ⅱ_1$型干酪根大于0.9%；$Ⅱ_2$型干酪根大于0.7%；Ⅲ型干酪根大于0.5%。

（5）埋藏深度：主体埋深为500～4500m。

（6）保存条件：无规模性通天断裂破碎带、非岩浆岩分布区、不受地层水淋滤影响等。

（7）不具有工业开发基础条件（如含气量低于 $0.5m^3/t$）的层段，原则上不参与资源量估算。

（三）评价参数

为了克服页岩气评价参数的不确定性，保证估算结果的科学性和合理性，依照资源潜力评价中参数的取值原则，以实际地质资料为基础，对主要计算参数分别赋予不同概率的数值，通过统计分析及概率计算获得不同概率下的资源量评价结果。

1. 参数信息

评价时，需填写页岩气资源评价单元基本信息表（表 3-10），系统整理和掌握评价单元中的各项参数，统计分析后分别进行概率赋值，填写评价单元评价层系资源潜力计算参数表（表 3-11），对参数进行蒙特卡罗法统计计算后得到不同概率的资源量。

2. 参数分析

为了克服页岩气评价参数的不确定性，保证评价结果的科学合理性，在计算过程中，需要对参数所代表的地质意义进行分析，研究其所服从的分布类型、概率密度函数特征以及概率分布规律。对于一般参数，通常采用正态或正态化分布函数对所获得的参数样本进行数学统计，求得均值、偏差及不同概率条件下的参数值，结合评价单元地质条件和背景特征，对不同的计算参数进行合理赋值。

计算过程中，所有的参数均可表示为给定条件下事件发生的可能性或条件性概率，表现为不同概率条件下地质过程及计算参数发生的概率可能性。可通过对取得的各项参数进行合理性分析，确定参数变化规律及分布范围，经统计分析后分别赋予不同的特征概率值（表 3-12）。

**表 3-10 页岩气资源潜力评价单元基本信息表**

| 评价单元名称 | |
|---|---|
| 评价层系 | |
| 岩性及其组合特征 | |
| 沉积相类型 | |
| 干酪根类型 | |
| 有机碳含量 | |
| 有机质成熟度 | |
| 埋深 | |
| 地层压力 | |
| 地层温度 | |
| 构造特征 | |
| 工作程度 | |
| 地形地貌 | |

填表人： 校对人： 审核人： 填表时间：

注：每个目标层系填写一张表格；构造特征部分填写构造单元位置、断裂发育情况等；勘探及工作量程度部分填写地震、钻井、实验测试样品、天然气发现情况、资料情况等；该表与评价结果表一起上交。

**表 3-11　评价单元评价层系参数赋值表**

| 参数 | | | $P_5$ | $P_{25}$ | $P_{50}$ | $P_{75}$ | $P_{95}$ | 参数获取及赋值方法 |
|---|---|---|---|---|---|---|---|---|
| 体积参数 | 面积/km² | | | | | | | |
| | 有效厚度/m | | | | | | | |
| 含气量参数 | 总含气量/(m³/t) | | | | | | | |
| | 分解法 | 吸附气含量/(m³/t) | | | | | | |
| | | 游离气含量/(m³/t) | | | | | | |
| 其他参数 | 页岩密度/(t/m³) | | | | | | | |
| | 可采系数/% | | | | | | | |
| 地质资源量/10⁸m³ | | | | | | | | |
| 可采资源量/10⁸m³ | | | | | | | | |

**表 3-12　参数条件概率的地质含义**

| 条件概率 | 参数条件及页岩气聚集的可能性 | 把握程度 | 赋值参考 | |
|---|---|---|---|---|
| $P_5$ | 非常不利，机会较小 | 基本没把握 | 勉强 | 乐观倾向 |
| $P_{25}$ | 不利，但有一定可能 | 把握程度低 | 宽松 | |
| $P_{50}$ | 一般，页岩气聚集或不聚集 | 有把握 | 中值 | |
| $P_{75}$ | 有利，但仍有较大的不确定性 | 把握程度高 | 严格 | 保守倾向 |
| $P_{95}$ | 非常有利，但仍不排除小概率事件 | 非常有把握 | 苛刻 | |

从参数的可获得性和参数变化的自身特点看，页岩气资源评价中的计算参数（地质变量）可分为连续型分布和离散型分布两种。对于厚度、深度等连续型分布参数，可借助比例法（如相对面积占有法）、间接参数关联法以及统计计算法进行参考估计和概率赋值。对于获得难度较大、数据量较少离散特点数据来说，可根据其分布特点进行概率取值，或经过正态化变换后，按正态变化规律对不同的特征概率予以求取和赋值。

对于服从正态分布特点的参数，可以通过以下步骤实现不同概率的赋值。

（1）整理评价单元内所有数据并检查其合理性，包括数据量、数量值及其合理性、代表性、分布的均一性等。

（2）根据有效数据，对参数进行数学统计，得到正态分布概率密度分布函数，即假设评价单元内某一参数的数值分别为 $x_1$、$x_2$、$x_3$、…、$x_n$，则平均数、方差及正态分布的概率密度函数分别可用下列公式表示：

$$\mu = (x_1 + x_2 + x_3 + \cdots + x_n)/n \tag{3-11}$$

$$\delta^2 = \frac{1}{n}[(x_1 - \mu)^2 + (x_2 - \mu)^2 + \cdots + (x_n - \mu)^2] \tag{3-12}$$

当参数从最小值变化到最大值时，概率密度积分为 1。当计算数据的最小值和最大值分别为 $a$ 和 $b$ 时，一定概率下的参数赋值即为在从 $a$ 到 $b$ 的范围内，从最小值积分到

$x$ 时的面积（即图 3-2 中阴影部分），$x$ 即为不同概率下所对应的参数值。

（3）对概率密度函数积分即可获得不同概率下的参数对应值，即令积分函数分别等于 5%、（25%）50%、（75%）95%，分别求得相应结果，如 $P_{75}$ 时的概率赋值，即可按下式计算获得。

$$\int_a^b \frac{1}{\delta\sqrt{2\pi}} e^{-\frac{1}{2\delta^2}(x-\mu)^2} dx = 0.75 \quad (3\text{-}13)$$

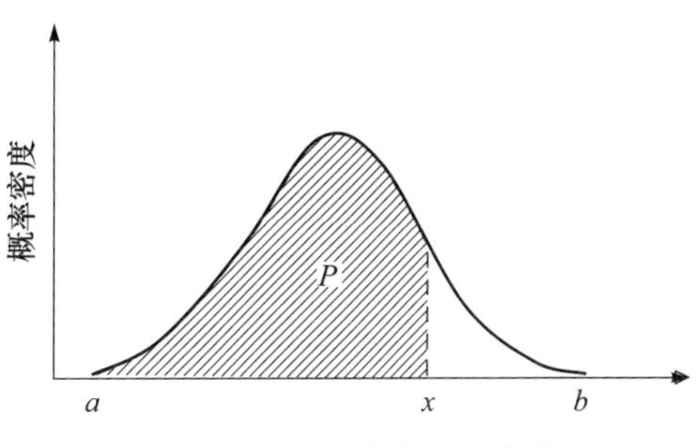


图 3-2 正态分布参数的概率密度

（4）结合累计概率分布，检查取值结果的合理性。

3. 可采系数

我国现阶段页岩气可采系数尚难以准确确定，目前可结合现经济技术条件，通过与美国的页岩气地质条件类比并结合评价单元的地质、工程、地表及其他开发条件进行分布预测。

（四）结果汇总和提交

以区划研究后确定的地质单元为基本评价单元，将含气页岩层系作为基本评价层系，对符合起算条件的自然地质单元采用统一方法（体积概率法）、统一标准（页岩气资源评价方法暂行稿）、统一时间（资料截至某年某月）、统一算法（蒙特卡罗算法）分别进行页岩气参数赋值和资源潜力评价。

提交各评价单元页岩气资源量。资源量评价结果按照地质单元、目标层系（表 3-13）、埋深（表 3-14）、地表条件（表 3-15）、省际单元（表 3-16）5 种方式提交。

**表 3-13 按地质单元、目标层系资源潜力评价结果表**

| 评价单元 | 评价层系 | 地质资源量/$10^8 m^3$ | | | | | 可采资源量/$10^8 m^3$ | | | | |
|---|---|---|---|---|---|---|---|---|---|---|---|
| | | $P_5$ | $P_{25}$ | $P_{50}$ | $P_{75}$ | $P_{95}$ | $P_5$ | $P_{25}$ | $P_{50}$ | $P_{75}$ | $P_{95}$ |
| 单元 1 名称 | 层系 1 | | | | | | | | | | |
| | 层系 2 | | | | | | | | | | |
| | … | | | | | | | | | | |
| 单元 2 名称 | 层系 1 | | | | | | | | | | |
| | 层系 2 | | | | | | | | | | |
| | … | | | | | | | | | | |
| … | | | | | | | | | | | |
| 合计 | | | | | | | | | | | |

填表人：　　　　校对人：　　　　审核人：　　　　填表时间：

表 3-14 某评价单元按埋深资源潜力评价结果表

| 埋深/m | 地质资源量/$10^8m^3$ | | | | | 可采资源量/$10^8m^3$ | | | | |
|---|---|---|---|---|---|---|---|---|---|---|
| | $P_5$ | $P_{25}$ | $P_{50}$ | $P_{75}$ | $P_{95}$ | $P_5$ | $P_{25}$ | $P_{50}$ | $P_{75}$ | $P_{95}$ |
| 小于 1500 | | | | | | | | | | |
| 1500～3000 | | | | | | | | | | |
| 3000～4500 | | | | | | | | | | |
| 合计 | | | | | | | | | | |

填表人： 校对人： 审核人： 填表时间：

表 3-15 某评价单元按地表条件资源潜力评价结果表

| 地表条件 | 地质资源量/$10^8m^3$ | | | | | 可采资源量/$10^8m^3$ | | | | |
|---|---|---|---|---|---|---|---|---|---|---|
| | $P_5$ | $P_{25}$ | $P_{50}$ | $P_{75}$ | $P_{95}$ | $P_5$ | $P_{25}$ | $P_{50}$ | $P_{75}$ | $P_{95}$ |
| 平原 | | | | | | | | | | |
| 丘陵 | | | | | | | | | | |
| 低山 | | | | | | | | | | |
| 中山 | | | | | | | | | | |
| 高山 | | | | | | | | | | |
| 高原 | | | | | | | | | | |
| 黄土塬 | | | | | | | | | | |
| 沙漠 | | | | | | | | | | |
| 戈壁 | | | | | | | | | | |
| 湖沼 | | | | | | | | | | |
| 喀斯特 | | | | | | | | | | |
| 合计 | | | | | | | | | | |

填表人： 校对人： 审核人： 填表时间：

表 3-16 某评价单元按省际资源潜力评价结果表

| 省际 | 地质资源量/$10^8m^3$ | | | | | 可采资源量/$10^8m^3$ | | | | |
|---|---|---|---|---|---|---|---|---|---|---|
| | $P_5$ | $P_{25}$ | $P_{50}$ | $P_{75}$ | $P_{95}$ | $P_5$ | $P_{25}$ | $P_{50}$ | $P_{75}$ | $P_{95}$ |
| 省份 1 | | | | | | | | | | |
| 省份 2 | | | | | | | | | | |
| … | | | | | | | | | | |
| 合计 | | | | | | | | | | |

填表人： 校对人： 审核人： 填表时间：

## 三、页岩油资源潜力评价方法和参数

### （一）方法原理

依据概率体积法基本原理，页岩油地质资源量为页岩总质量与单位质量页岩所含液态烃的乘积，可表示为

$$Q_o = 100Ah\rho w \tag{3-14}$$

式中，$Q_o$ 为页岩油地质资源量（$10^4$t）；$A$ 为含油页岩分布面积（$km^2$）；$h$ 为有效页岩厚度（m）；$\rho$ 为页岩密度（$t/m^3$）；$w$ 为含油率，小数（质量分数）。

可采资源量由地质资源量与可采系数相乘获得

$$Q_{o可采} = Q_o k_o \tag{3-15}$$

式中，$Q_{o可采}$为页岩油可采资源量（$10^4$t）；$k_o$为页岩油可采系数，无量纲。

评价中还可视具体情况结合使用类比法、成因法及动态法等。

（二）起算条件

（1）合理确定评价层段：要有充分证据证明拟计算的层段为含油泥页岩段。在含油气盆地中，页岩层段见油气显示或气测录井在该段发现气测异常；在缺少探井资料的地区，要有油苗、油迹或其他油气异常证据；在缺乏直接证据的情况下，要有足以表明页岩油存在的条件和理由。

（2）有效厚度：计算目的层的泥地比大于60%，泥页岩连续厚度大于30m，最小单层泥页岩厚度大于6m，其他岩性夹层厚度小于3m。计算时应采用有效（处于主要生油阶段且有可能形成页岩油的）厚度进行赋值计算。

（3）有机碳含量（TOC）和镜质体反射率（$R_o$）：计算单元内需要有TOC大于2.0%且具有一定规模分布的富有机质泥页岩，成熟度$R_o$为0.5%～1.2%。

（4）埋藏深度：主体埋深不超过5000m。

（5）保存条件：保存条件良好，不受地层水淋滤影响等。

（6）不具有工业开发基础条件（如含油率低于0.1%）的层段，原则上不参与资源量估算。

（三）评价参数

为了克服页岩油评价参数的不确定性，保证估算结果的科学性和合理性，依照资源潜力评价中参数的取值原则，以实际地质资料为基础，对主要计算参数分别赋予不同概率的数值，通过统计分析及概率计算获得不同概率下的资源量评价结果。

1. 参数信息

评价参数主要包括面积、有效厚度、含油率等。不直接参与计算但可能对评价结果有间接影响的参数主要包括深度、地层压力、原油密度、干酪根类型、成熟度、裂缝发育程度等。

评价时，需填写页岩油资源评价单元基本信息表（表3-17），系统整理和掌握评价单元中的各项参数，统计分析后分别进行概率赋值，填写评价单元评价层系资源量计算参数表，对参数进行蒙特卡罗法统计计算后得到不同概率的资源量。

**表3-17 页岩油资源潜力评价单元基本信息表**

| 评价单元名称 | |
|---|---|
| 评价层系 | |
| 岩性及其组合特征 | |
| 沉积相类型 | |

续表

| 构造特征 | |
|---|---|
| 干酪根类型 | |
| 有机碳含量/% | |
| 有机质成熟度/% | |
| 埋深/m | |
| 地层压力/MPa | |
| 地层温度/℃ | |
| 原油相对密度 | |
| 工作程度 | |

填表人： 校对人： 审核人： 填表时间：

注：每个目标层系填写一张表格；构造特征部分填写构造单元位置、断裂发育情况等；勘探及工作量程度部分填写地震、钻井、实验测试样品、油气发现情况、资料情况等；该表与评价结果表一起上交。

2. 参数获取和赋值

计算过程中，所有的参数均可表示为给定条件下事件发生的可能性或者条件概率。概率的地质意义是在不同的概率条件下地质过程发生及参数分布的可能性。不同的条件概率按表 3-18 所列进行赋值。

**表 3-18 估算参数条件概率的参考地质含义**

| 置信度 | 参数条件及页岩油聚集的可能性 | 把握程度 | 赋值参考 | |
|---|---|---|---|---|
| $P_5$ | 非常不利，机会较小 | 基本没把握 | 勉强 | 乐观倾向 |
| $P_{25}$ | 不利，但有一定可能 | 把握程度低 | 宽松 | |
| $P_{50}$ | 一般，页岩油聚集或不聚集 | 有把握 | 中值 | |
| $P_{75}$ | 有利，但仍有较大的不确定性 | 把握程度高 | 严格 | 保守倾向 |
| $P_{95}$ | 非常有利，但仍不排除小概率事件 | 非常有把握 | 苛刻 | |

评价单元中的各项参数均以实测为基础，分布上要有代表性。对取得的各项参数进行合理性分析，确定参数变化规律及取值范围，经正态化处理或正态分布统计分析后分别赋 $P_5$、$P_{25}$、$P_{50}$、$P_{75}$、$P_{95}$ 5 个特征概率值（表 3-19）。

**表 3-19 评价单元评价层系参数赋值表**

| 参数 | | $P_5$ | $P_{25}$ | $P_{50}$ | $P_{75}$ | $P_{95}$ | 参数获取及赋值方法 |
|---|---|---|---|---|---|---|---|
| 体积参数 | 面积/$km^2$ | | | | | | |
| | 有效厚度/m | | | | | | |
| 含油性 | 含油率/% | | | | | | |
| 其他参数 | 页岩密度/($t/m^3$) | | | | | | |
| | 可采系数/% | | | | | | |
| 地质资源量/$10^4$t | | | | | | | |
| 可采资源量/$10^4$t | | | | | | | |

参数获取可以采取多种方法。对不同方法获得的参数应进行合理性分析，确定参数

的变化规律和取值范围。评价参数的确定要有一定的数据量为基础，尽量达到统计学要求。参数要具有代表性，分布上具有均匀性，取值要真实客观。

1）有效厚度

泥页岩层系厚度可通过露头调查、钻探、地震及测井等手段获得。在符合资源量起算条件的基础上，进一步综合分析确定含油泥页岩层系厚度，即有效厚度。有效厚度主要依据钻井、测井、录井、岩心测试、实验分析等各类资料，按照气测异常、有机地化参数、脆性矿物含量等参数特征及其在剖面上的变化来确定。

为获得有效厚度概率值，当数据资料较少时，可根据沉积相及沉积相变、构造格局及其演变特征，对泥页岩有效厚度及其分布进行合理预测。进一步，可将星散分布的泥页岩有效厚度数据作为离散数据进行统计分析，并求取相应的概率赋值，即采用离散型参数概率统计分析法（见《页岩气资源评价方法与选区标准暂行稿》）；当数据资料较多，可编制有效厚度等值线图，并据此进行概率赋值。

2）面积

可通过泥页岩层系连井剖面、地震解释等资料分析，掌握有效厚度在剖面和平面上的变化规律，结合泥页岩层系各项相关参数平面变化等值线图，对面积概率值进行分析并赋值。

3）含油率

含油率以质量分数进行表示，一般较难准确获得，目前的主要方法包括以下几个方面。

地球化学法：测定岩心样品中氯仿沥青“$A$”或全烃，或通过热解法获得 $S_1$、$S_2$ 等参数，各项指标代表含义不同，均需辅以校正系数进行修正。适用于资料相对较少的地区。

类比法：建立研究区与参照区之间的地质相似性关系，获取基于不同类比系数条件基础上的含油率数据。适用于各类勘探开发程度的地区。

统计法：建立 TOC、孔隙度等参数与含油率的统计关系模型，根据统计关系进行赋值。适合于资料丰富、研究程度稍高的地区使用。

含油饱和度法：将泥页岩孔隙度与含油饱和度相乘后换算为以质量分数计的含油率。适合于孔隙度和含油饱和度相对容易获得的地区，特别是裂缝型页岩油。

测井解释法：通过测井资料信息解释获得含油率。适合于资料丰富、研究程度较高的地区使用。

生产数据反演法：依据实际开发生产动态数据推演获得。适合于勘探开发程度高的地区。

含油率概率赋值可参照离散型参数概率统计分析法进行。

4）页岩密度

页岩密度可通过实测法、类比法、测井解释法等方法获得。

5）可采系数

可采系数的取值主要考虑地质条件、工程条件及技术经济条件，具体需要通过实验测试数据获得。

（四）结果汇总和提交

将各单元含油页岩层系作为基本评价层系，对符合起算条件的自然地质单元采用概率体积法进行蒙特卡罗计算后得到不同概率的地质资源量。提交各评价单元页岩油资源量。资源量评价结果按照地质单元、目标层系（表 3-20）、埋深（表 3-21）、省份单元（表 3-22）4 种方式提交。

**表 3-20 按地质单元、目标层系资源潜力评价结果表**

| 评价单元 | 评价层系 | 地质资源量/$10^4$t | | | | | 可采资源量/$10^4$t | | | | |
|---|---|---|---|---|---|---|---|---|---|---|---|
| | | $P_5$ | $P_{25}$ | $P_{50}$ | $P_{75}$ | $P_{95}$ | $P_5$ | $P_{25}$ | $P_{50}$ | $P_{75}$ | $P_{95}$ |
| 单元 1 名称 | 层系 1 | | | | | | | | | | |
| | 层系 2 | | | | | | | | | | |
| | … | | | | | | | | | | |
| 单元 2 名称 | 层系 1 | | | | | | | | | | |
| | 层系 2 | | | | | | | | | | |
| | … | | | | | | | | | | |
| … | | | | | | | | | | | |
| 合计 | | | | | | | | | | | |

填表人： 校对人： 审核人： 填表时间：

**表 3-21 某评价单元按埋深资源潜力评价结果表**

| 埋深/m | 地质资源量/$10^4$t | | | | | 可采资源量/$10^4$t | | | | |
|---|---|---|---|---|---|---|---|---|---|---|
| | $P_5$ | $P_{25}$ | $P_{50}$ | $P_{75}$ | $P_{95}$ | $P_5$ | $P_{25}$ | $P_{50}$ | $P_{75}$ | $P_{95}$ |
| 小于 2000 | | | | | | | | | | |
| 2000～3500 | | | | | | | | | | |
| 3500～5000 | | | | | | | | | | |
| 合计 | | | | | | | | | | |

填表人： 校对人： 审核人： 填表时间：

**表 3-22 某评价单元按省际资源潜力评价结果表**

| 省际 | 地质资源量/$10^4$t | | | | | 可采资源量/$10^4$t | | | | |
|---|---|---|---|---|---|---|---|---|---|---|
| | $P_5$ | $P_{25}$ | $P_{50}$ | $P_{75}$ | $P_{95}$ | $P_5$ | $P_{25}$ | $P_{50}$ | $P_{75}$ | $P_{95}$ |
| 省份 1 | | | | | | | | | | |
| 省份 2 | | | | | | | | | | |
| … | | | | | | | | | | |
| 合计 | | | | | | | | | | |

填表人： 校对人： 审核人： 填表时间：

# 第四章

# 页岩气有利区优选和资源评价

## 第一节　页岩气有利区优选

在对华北及东北区不同盆地泥页岩的地质特征、地球化学特征、储层特征等进行综合分析的基础上，依据有利区优选标准进行优选，共选出有利区 95 个（表 4-1，图 4-1～图 4-3），累计面积为 164294.1km²。其中，鄂尔多斯盆地及外围地区共有 44 个，累计面积为 63536.9km²；松辽盆地及外围地区共有 12 个，累计面积为 32316.57km²；沁水盆地及外围地区共有 11 个，累计面积为 10157.08km²；南华北盆地和南襄盆地共有 12 个，累计面积为 47843.66km²；渤海湾盆地及外围地区有 16 个，累计面积为 10439.881km²。

**表 4-1　华北及东北区页岩气发育有利区分布表**

<table>
<tr><th colspan="2">层系</th><th>大区</th><th>个数</th><th>面积/km²</th></tr>
<tr><td>新生界</td><td>古近系</td><td>渤海湾盆地及外围地区</td><td>4</td><td>1243</td></tr>
<tr><td rowspan="3">中生界</td><td>白垩系</td><td>松辽盆地及外围地区</td><td>12</td><td>32316.57</td></tr>
<tr><td rowspan="2">三叠系</td><td>鄂尔多斯盆地及外围地区</td><td>2</td><td>31432.65</td></tr>
<tr><td>渤海湾盆地及外围地区</td><td>2</td><td>647.59</td></tr>
<tr><td rowspan="9">上古生界</td><td rowspan="5">二叠系</td><td>渤海湾盆地及外围</td><td>6</td><td>6194</td></tr>
<tr><td>沁水盆地及外围地区</td><td>7</td><td>7424.8</td></tr>
<tr><td>鄂尔多斯盆地及外围地区</td><td>10</td><td>12522</td></tr>
<tr><td>渤海湾盆地及外围地区</td><td>1</td><td>380</td></tr>
<tr><td>南华北盆地及南襄盆地</td><td>10</td><td>33352.29</td></tr>
<tr><td rowspan="4">石炭系</td><td>沁水盆地及外围地区</td><td>4</td><td>2732.28</td></tr>
<tr><td>鄂尔多斯盆地及外围地区</td><td>32</td><td>19582.25</td></tr>
<tr><td>渤海湾盆地及外围地区</td><td>1</td><td>450</td></tr>
<tr><td>南华北盆地及南襄盆地</td><td>2</td><td>14491.37</td></tr>
<tr><td>下古生界</td><td>奥陶系</td><td>渤海湾盆地及外围地区</td><td>1</td><td>640.291</td></tr>
<tr><td>元古界</td><td>蓟县系</td><td>渤海湾盆地及外围地区</td><td>1</td><td>885</td></tr>
<tr><td colspan="3">合计</td><td>95</td><td>164294.1</td></tr>
</table>

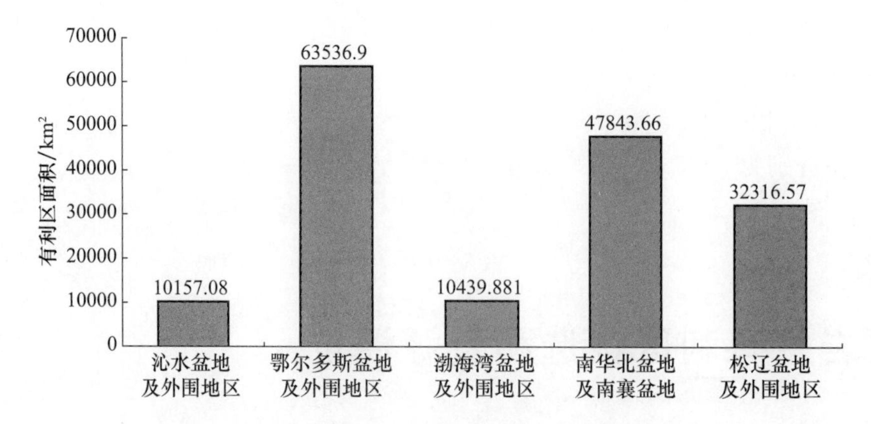


图 4-1 华北及东北区页岩气有利区发育面积柱状分布图

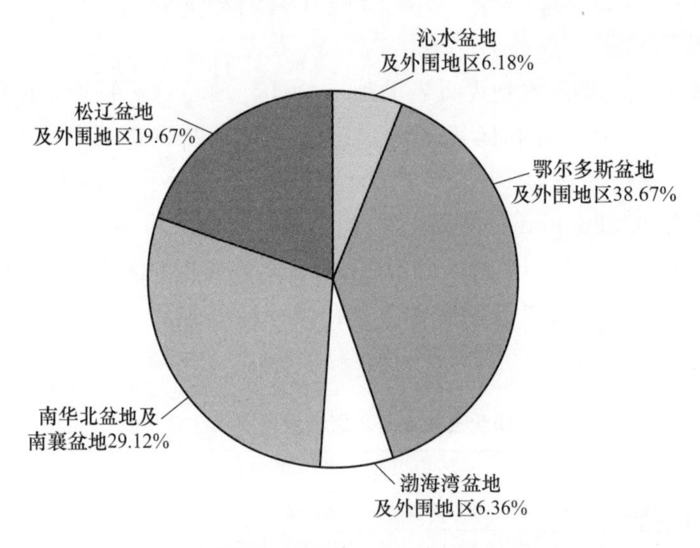


图 4-2 华北及东北区页岩气有利区发育面积饼状分布图

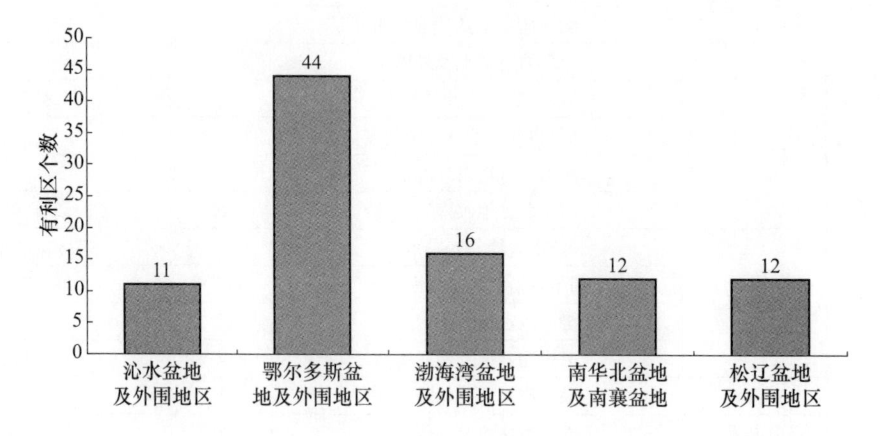


图 4-3 华北及东北区页岩气有利区发育个数分布图

层系上从元古界到新生界均有有利区的分布，其中石炭系发育的页岩气有利区最多，共计 39 个，累计面积为 37255.9km$^2$；其次为二叠系有利区 34 个，累计面积为 59873.09km$^2$；白垩系有利区 12 个，累计面积为 32316.57km$^2$；蓟县系、奥陶系、三叠系和古近系分别为 1～5 个不等，累计面积分别为 885km$^2$、640.291km$^2$、32080.24km$^2$、1243km$^2$（图 4-4、图 4-5）

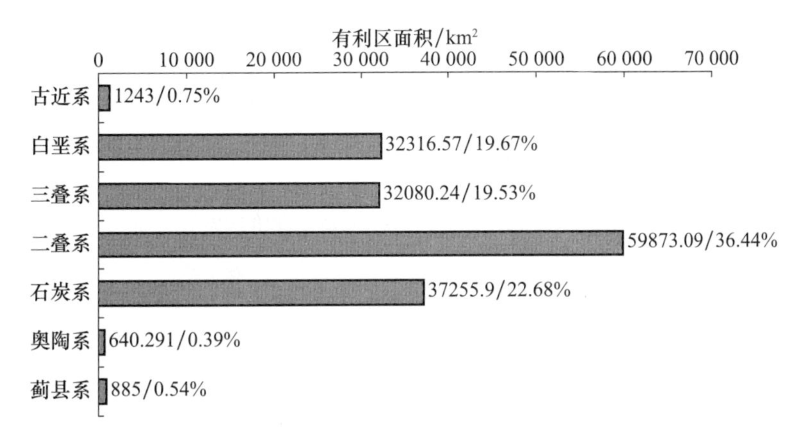

图 4-4 华北—东北区页岩气有利区发育面积层系分布图

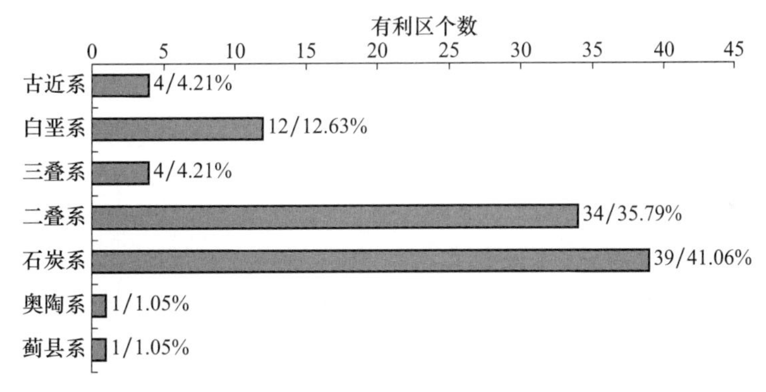

图 4-5 华北—东北区页岩气有利区发育个数层系分布图

## 第二节 页岩气有利区资源评价

华北及东北区页岩气有利区地质资源为 13.76×10$^{12}$m$^3$，可采资源为 3.532×10$^{12}$m$^3$。

### 一、资源潜力大区分布

华北—东北区评价单元主要包括鄂尔多斯盆地及外围地区、松辽盆地及外围地区、渤海湾盆地及外围地区、南华北盆地及南襄盆地和沁水盆地及外围地区，其中，鄂尔多斯盆地及外围地区有利区地质资源为 2.42×$10^{12}$ $m^3$，占该区总量的 17.59%，可采资源为 0.574×$10^{12}$ $m^3$，占该区总量的 16.25%；松辽盆地及外围地区有利区地质资源为 5.68×$10^{12}$ $m^3$，占该区总量的 41.28%，可采资源为 1.590×$10^{12}$ $m^3$，占该区总量的 45.02%；渤海湾盆地及外围地区有利区地质资源为 1.98×$10^{12}$ $m^3$，占该区总量的 14.39%，可采资源为 0.512×$10^{12}$ $m^3$，占该区总量的 14.50%；南华北盆地及南襄盆地有利区地质资源为 2.29×$10^{12}$ $m^3$，占该区总量的 16.64%，可采资源为 0.579×$10^{12}$ $m^3$，占该区总量的 16.39%；沁水盆地及外围地区有利区地质资源为 1.39×$10^{12}$ $m^3$，占该区总量的 10.10%，可采资源为 0.277×$10^{12}$ $m^3$，占该区总量的 7.84%（表 4-2、图 4-6～图 4-8）。

**表 4-2　华北及东北区页岩气资源评价结果表**　（单位：$10^{12}$ $m^3$）

| 评价单元 | 资源潜力 | 概率分布 | | | | |
|---|---|---|---|---|---|---|
| | | $P_5$ | $P_{25}$ | $P_{50}$ | $P_{75}$ | $P_{95}$ |
| 鄂尔多斯盆地及外围地区 | 地质资源 | 3.94 | 3.04 | 2.42 | 1.74 | 1.34 |
| | 可采资源 | 0.938 | 0.724 | 0.574 | 0.414 | 0.320 |
| 松辽盆地及外围地区 | 地质资源 | 7.34 | 6.31 | 5.68 | 5.07 | 4.30 |
| | 可采资源 | 2.054 | 1.766 | 1.590 | 1.419 | 1.203 |
| 渤海湾盆地及外围地区 | 地质资源 | 2.93 | 2.37 | 1.98 | 1.67 | 1.32 |
| | 可采资源 | 0.754 | 0.610 | 0.512 | 0.432 | 0.341 |
| 南华北盆地南襄盆地 | 地质资源 | 3.23 | 2.58 | 2.29 | 2.15 | 2.04 |
| | 可采资源 | 0.816 | 0.651 | 0.579 | 0.543 | 0.513 |
| 沁水盆地及外围地区 | 地质资源 | 1.60 | 1.50 | 1.39 | 1.28 | 1.19 |
| | 可采资源 | 0.320 | 0.300 | 0.277 | 0.257 | 0.237 |
| 合计 | 地质资源 | 19.04 | 15.80 | 13.76 | 11.91 | 10.18 |
| | 可采资源 | 4.882 | 4.051 | 3.532 | 3.065 | 2.614 |

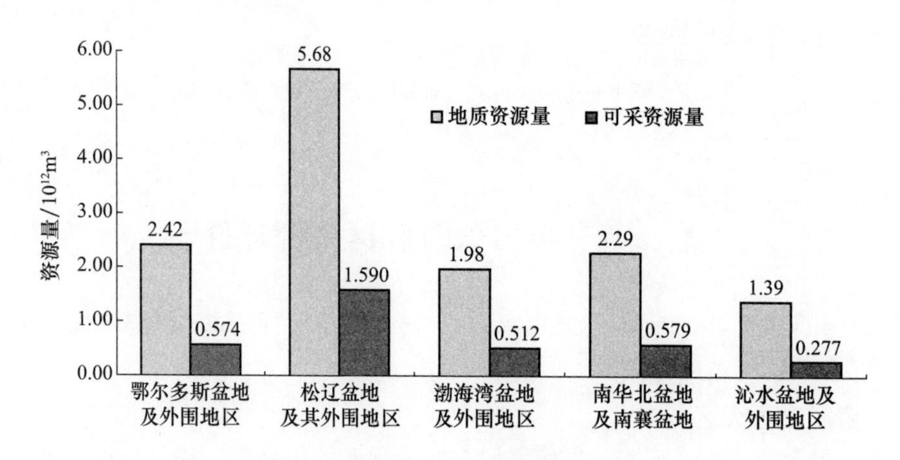


图 4-6　华北及东北区页岩气资源分布

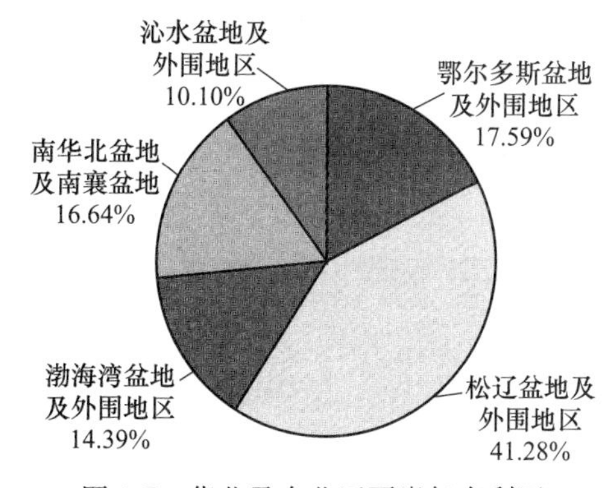


图 4-7 华北及东北区页岩气有利区地质资源分布

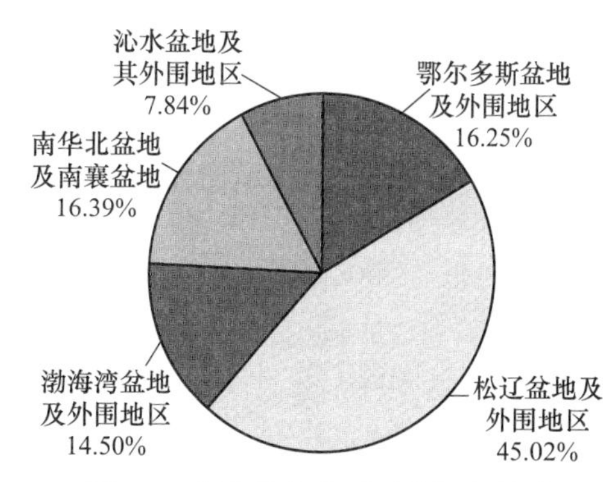


图 4-8 华北及东北区页岩气有利区可采资源分布

## 二、资源潜力层系分布

页岩气资源主要分布在元古生界的蓟县系，下古生界的奥陶系，上古生界的泥盆系、石炭系、二叠系，中生界的三叠系、白垩系和新生界的古近系。其中，元古界地质资源量为 $0.13\times10^{12}m^3$，占该区总量的 0.95%，可采资源为 $0.033\times10^{12}m^3$，占该区总量的 0.93%；下古生界地质资源为 $0.14\times10^{12}m^3$，占该区总量的 1.02%，可采资源为 $0.029\times10^{12}m^3$，占该区总量的 0.80%；上古生界地质资源为 $6.96\times10^{12}m^3$，占该区总量的 50.58%，可采资源为 $1.645\times10^{12}m^3$，占该区总量的 46.57%；中生界地质资源为 $5.81\times10^{12}m^3$，占该区总量的 42.22%，可采资源为 $1.624\times10^{12}m^3$，占该区总量的 45.98%；新生界地质资源为 $0.72\times10^{12}m^3$，占该区总量的 5.23%，可采资源为 $0.202\times10^{12}m^3$，占该区总量的 5.72%（表 4-3，图 4-9～图 4-11）。

**表 4-3 页岩气资源层系分布表** （单位：$10^{12}m^3$）

| 层系 | | 资源潜力 | 概率分布 | | | | |
|---|---|---|---|---|---|---|---|
| | | | $P_5$ | $P_{25}$ | $P_{50}$ | $P_{75}$ | $P_{95}$ |
| 新生界 | 古近系 | 地质资源 | 0.94 | 0.82 | 0.72 | 0.64 | 0.54 |
| | | 可采资源 | 0.264 | 0.230 | 0.202 | 0.180 | 0.150 |
| 中生界 | 白垩系 | 地质资源 | 7.34 | 6.31 | 5.68 | 5.07 | 4.30 |
| | | 可采资源 | 2.054 | 1.766 | 1.590 | 1.419 | 1.203 |
| | 三叠系 | 地质资源 | 0.24 | 0.17 | 0.13 | 0.08 | 0.07 |
| | | 可采资源 | 0.062 | 0.044 | 0.034 | 0.020 | 0.017 |
| 上古生界 | 二叠系 | 地质资源 | 7.89 | 6.37 | 5.47 | 4.86 | 4.34 |
| | | 可采资源 | 1.900 | 1.525 | 1.305 | 1.157 | 1.032 |
| | 石炭系 | 地质资源 | 2.26 | 1.83 | 1.49 | 1.06 | 0.79 |
| | | 可采资源 | 0.520 | 0.420 | 0.340 | 0.243 | 0.180 |
| 下古生界 | 奥陶系 | 地质资源 | 0.20 | 0.15 | 0.14 | 0.08 | 0.04 |
| | | 可采资源 | 0.040 | 0.030 | 0.028 | 0.017 | 0.008 |
| 元古界 | 蓟县系 | 地质资源 | 0.17 | 0.15 | 0.13 | 0.12 | 0.10 |
| | | 可采资源 | 0.042 | 0.036 | 0.033 | 0.029 | 0.024 |
| 合计 | | 地质资源 | 19.04 | 15.80 | 13.76 | 11.91 | 10.18 |
| | | 可采资源 | 4.882 | 4.051 | 3.532 | 3.065 | 2.614 |

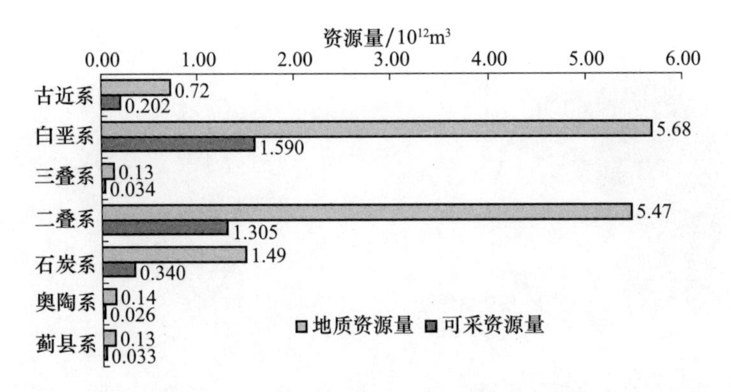


图 4-9 华北及东北区页岩气资源层系分布

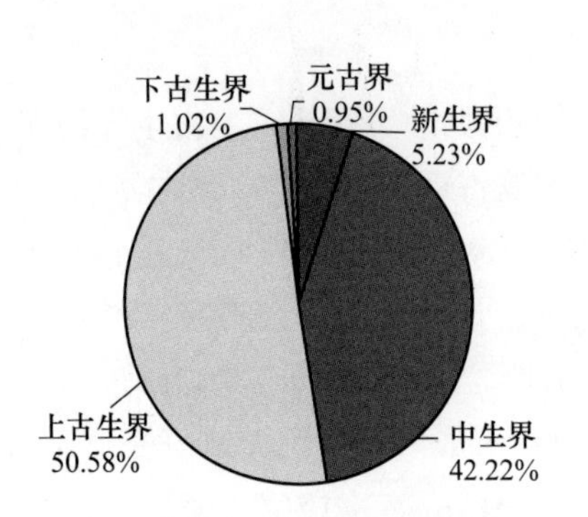


图 4-10 华北及东北区页岩气地质资源层系分布

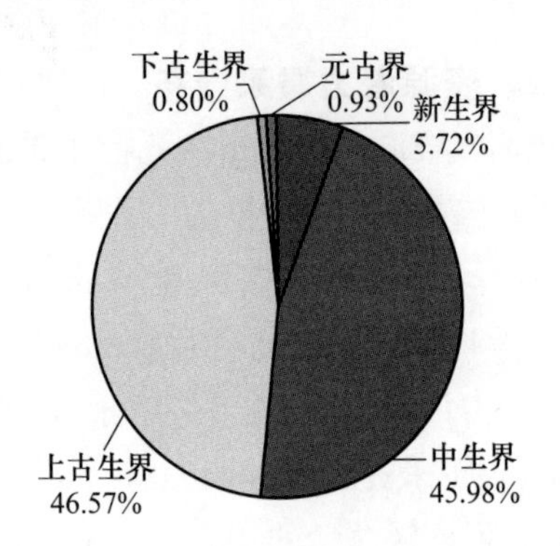


图 4-11 华北及东北区页岩气可采资源层系分布

## 三、资源潜力沉积相分布

海相页岩气有利区地质资源为 $0.27\times10^{12}m^3$，占该区有利区总量的 1.96%，可采资源为 $0.061\times10^{12}m^3$，占该区总量的 1.73%；海陆过渡相页岩气地质资源为 $7.09\times10^{12}m^3$，占该区总量的 51.53%，可采资源为 $1.679\times10^{12}m^3$，占该区总量的 47.53%；陆相页岩气地质资源为 $6.40\times10^{12}m^3$，占该区总量的 46.51%，可采资源为 $1.792\times10^{12}m^3$，占该区总量的 50.74%（表 4-4、图 4-12、图 4-13）。

**表 4-4 华北—东北区页岩气资源沉积相分布** （单位：$10^{12}m^3$）

| 埋深 | 资源潜力 | 概率分布 | | | | |
|---|---|---|---|---|---|---|
| | | $P_5$ | $P_{25}$ | $P_{50}$ | $P_{75}$ | $P_{95}$ |
| 海相 | 地质资源 | 0.37 | 0.30 | 0.27 | 0.20 | 0.13 |
| | 可采资源 | 0.082 | 0.067 | 0.061 | 0.046 | 0.032 |
| 海陆过渡相 | 地质资源 | 10.39 | 8.37 | 7.09 | 6.00 | 5.21 |
| | 可采资源 | 2.482 | 1.988 | 1.679 | 1.419 | 1.229 |
| 陆相 | 地质资源 | 8.28 | 7.13 | 6.40 | 5.71 | 4.84 |
| | 可采资源 | 2.318 | 1.996 | 1.792 | 1.600 | 1.353 |
| 合计 | 地质资源 | 19.04 | 15.80 | 13.76 | 11.91 | 10.18 |
| | 可采资源 | 4.882 | 4.051 | 3.532 | 3.065 | 2.614 |

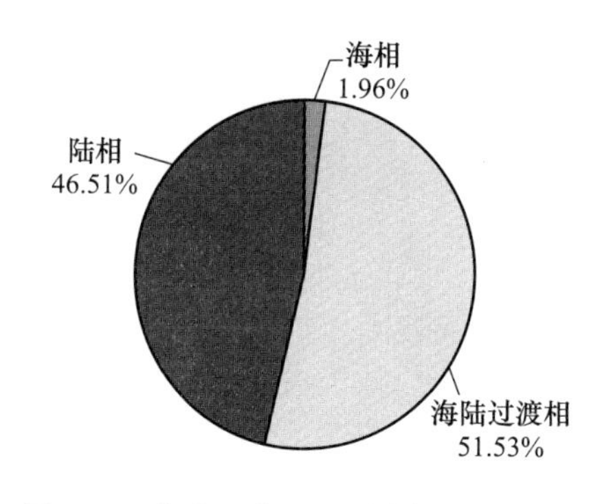


图 4-12 华北—东北区页岩气有利区地质资源沉积相系分布

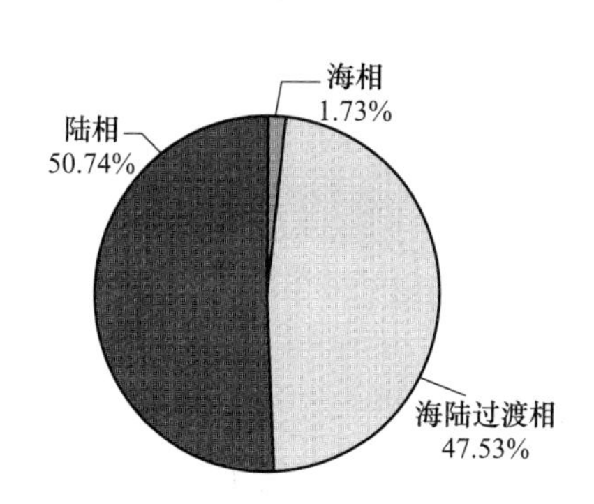


图 4-13 华北—东北区页岩气有利区可采资源沉积相系分布

## 四、资源潜力埋深分布

埋深在 500～1500m 的页岩气有利区地质资源为 4.78×$10^{12}$m$^3$，占该区有利区总量的 34.74%，可采资源为 1.168×$10^{12}$m$^3$，占该区总量的 33.07%；埋深在 1500～3000m 的页岩气地质资源为 6.81×$10^{12}$m$^3$，占该区总量的 49.49%，可采资源为 1.800×$10^{12}$m$^3$，占该区总量的 50.96%；埋深在 3000～4500m 的页岩气地质资源为 2.17×$10^{12}$m$^3$，占该区总量的 15.77%，可采资源为 0.564×$10^{12}$m$^3$，占该区总量的 15.97%（表 4-5、图 4-14～图 4-16）。

表 4-5 华北—东北区页岩气资源深度分布 （单位：$10^{12}$m$^3$）

| 埋深 | 资源潜力 | 概率分布 | | | | |
|---|---|---|---|---|---|---|
| | | $P_5$ | $P_{25}$ | $P_{50}$ | $P_{75}$ | $P_{95}$ |
| 500～1500m | 地质资源 | 6.06 | 5.25 | 4.78 | 4.33 | 3.92 |
| | 可采资源 | 1.487 | 1.284 | 1.168 | 1.062 | 0.964 |
| 1500～3000m | 地质资源 | 9.48 | 7.85 | 6.81 | 5.88 | 4.98 |
| | 可采资源 | 2.490 | 2.068 | 1.800 | 1.553 | 1.318 |
| 3000～4500m | 地质资源 | 3.50 | 2.70 | 2.17 | 1.70 | 1.27 |
| | 可采资源 | 0.905 | 0.699 | 0.564 | 0.450 | 0.332 |
| 合计 | 地质资源 | 19.04 | 15.80 | 13.76 | 11.91 | 10.18 |
| | 可采资源 | 4.882 | 4.051 | 3.532 | 3.065 | 2.614 |

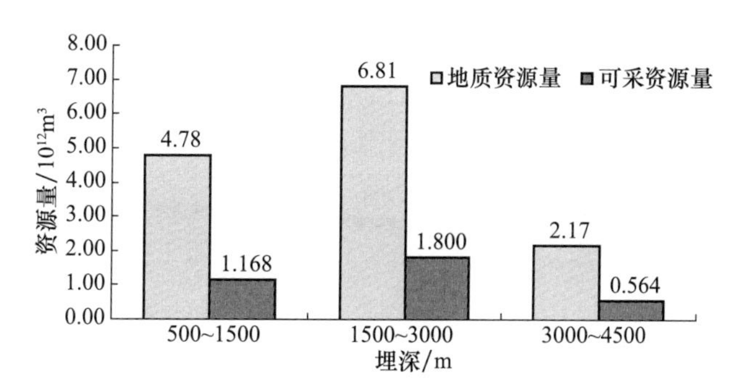


图 4-14 华北及东北区页岩气资源埋深分布

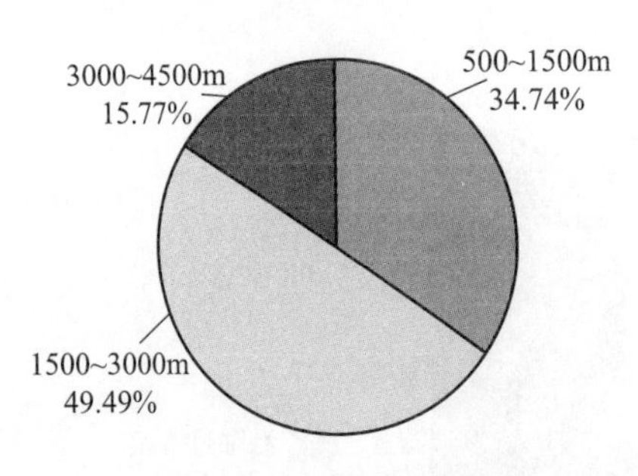


图 4-15 华北及东北区页岩气地质资源埋深分布

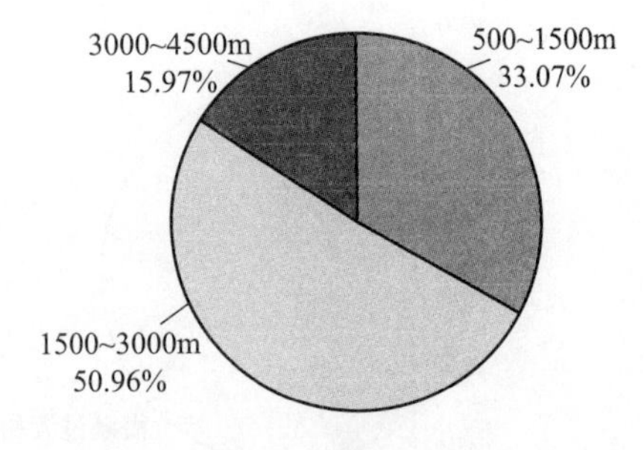


图 4-16 华北及东北区页岩气可采资源埋深分布

## 五、资源潜力地貌分布

华北及东北区页岩气有利区资源主要分布在平原地区，地质资源为 $9.69\times10^{12}m^3$，占该区总量的 70.42%，可采资源为 $2.610\times10^{12}m^3$，占该区总量的 73.90%；黄土塬地区地质资源为 $1.87\times10^{12}m^3$，占该区总量的 13.59%，可采资源为 $0.448\times10^{12}m^3$，占该区总量的 12.68%；低山地区地质资源为 $1.48\times10^{12}m^3$，占该区总量的 10.76%，可采资源为 $0.316\times10^{12}m^3$，占该区总量的 8.95%；戈壁地区地质资源为 $0.05\times10^{12}m^3$，占该区总量的 0.36%，可采资源为 $0.011\times10^{12}m^3$，占该区总量的 0.31%；丘陵区地质资源为 $0.53\times10^{12}m^3$，占该区总量的 3.85%，可采资源为 $0.114\times10^{12}m^3$，占该区总量的 3.23%；沙漠区地质资源为 $0.14\times10^{12}m^3$，占该区总量的 1.02%，可采资源为 $0.033\times10^{12}m^3$，占该区总量的 0.93%（表 4-6、图 4-17～图 4-19）。

**表 4-6 华北—东北区页岩气资源地貌分布** （单位：$10^{12}m^3$）

| 地貌 | 资源潜力 | 概率分布 | | | | |
|---|---|---|---|---|---|---|
| | | $P_5$ | $P_{25}$ | $P_{50}$ | $P_{75}$ | $P_{95}$ |
| 低山 | 地质资源 | 1.84 | 1.65 | 1.48 | 1.31 | 1.13 |
| | 可采资源 | 0.397 | 0.355 | 0.316 | 0.280 | 0.241 |
| 戈壁 | 地质资源 | 0.07 | 0.06 | 0.05 | 0.04 | 0.03 |
| | 可采资源 | 0.017 | 0.014 | 0.011 | 0.009 | 0.006 |
| 黄土塬 | 地质资源 | 3.14 | 2.37 | 1.87 | 1.31 | 1.05 |
| | 可采资源 | 0.753 | 0.569 | 0.448 | 0.315 | 0.253 |
| 平原 | 地质资源 | 13.16 | 10.96 | 9.69 | 8.65 | 7.44 |
| | 可采资源 | 3.535 | 2.950 | 2.610 | 2.330 | 2.002 |
| 丘陵 | 地质资源 | 0.62 | 0.58 | 0.53 | 0.50 | 0.45 |
| | 可采资源 | 0.132 | 0.123 | 0.114 | 0.105 | 0.095 |
| 沙漠 | 地质资源 | 0.21 | 0.18 | 0.14 | 0.11 | 0.08 |
| | 可采资源 | 0.048 | 0.040 | 0.033 | 0.026 | 0.017 |
| 合计 | 地质资源 | 19.04 | 15.80 | 13.76 | 11.91 | 10.18 |
| | 可采资源 | 4.882 | 4.051 | 3.532 | 3.065 | 2.614 |

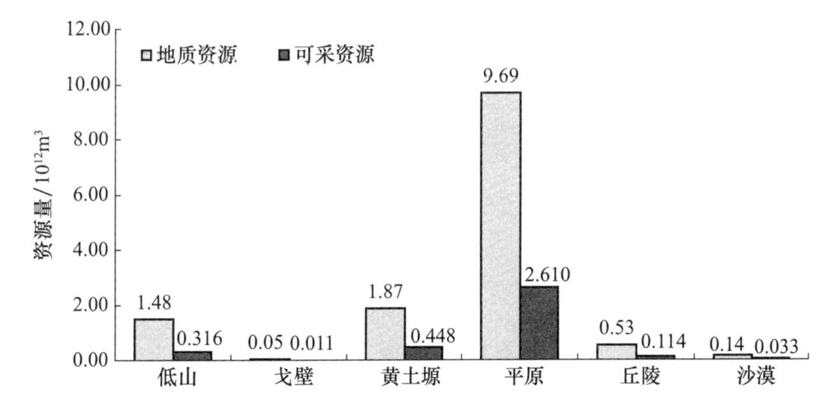


图 4-17 华北及东北区页岩气资源地貌分布

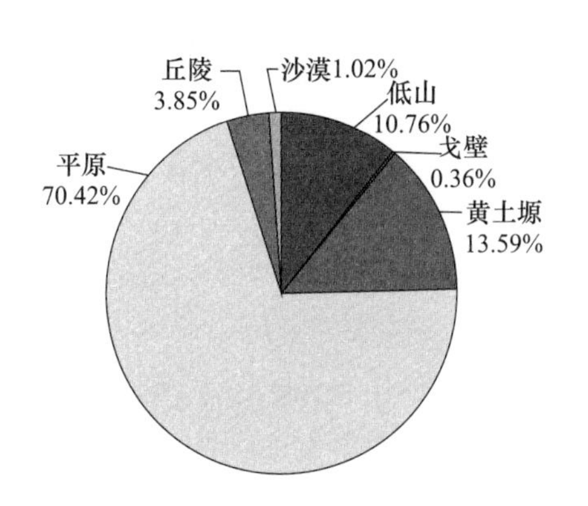


图 4-18 华北及东北区页岩气地质资源地貌分布

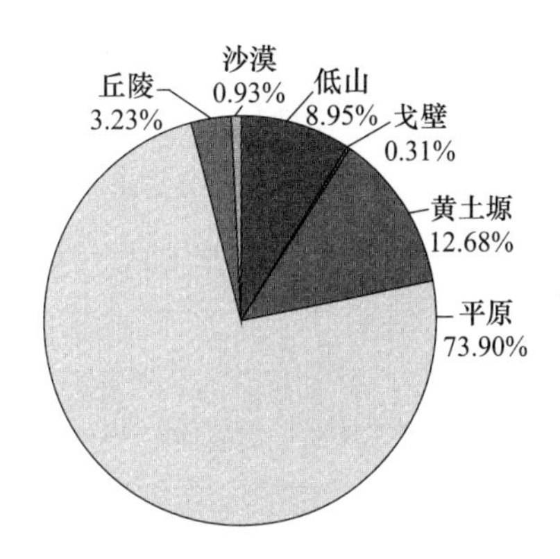


图 4-19 华北及东北区页岩气可采资源地貌分布

## 六、资源潜力（直辖市，自治区）分布

华北及东北区页岩气有利区资源主要分布在黑龙江省，其次分别为河南省、江西省、陕西省、内蒙古自治区、辽宁省、宁夏回族自治区、山东省、吉林省、河北省、天津市、甘肃省，其中，黑龙江省地质资源为 $4.89\times10^{12}m^3$，占该区总量的 35.54%，可采资源为 $1.370\times10^{12}m^3$，占该区总量的 38.79%；河南省地质资源为 $2.62\times10^{12}m^3$，占该区总量的 19.04%，可采资源为 $0.660\times10^{12}m^3$，占该区总量的 18.69%；山西省地质资源为 $1.38\times10^{12}m^3$，占该区总量的 10.03%，可采资源为 $0.276\times10^{12}m^3$，占该区总量的 7.81%；陕西省地质资源为 $1.19\times10^{12}m^3$，占该区总量的 8.67%，可采资源为 $0.286\times10^{12}m^3$，占该区总量的 8.10%；内蒙古自治区地质资源为 $1.01\times10^{12}m^3$，占该区总量的 7.36%，可采资源为 $0.255\times10^{12}m^3$，占该区总量的 7.22%；辽宁省地质资源为 $0.75\times10^{12}m^3$，占该区总量的 5.45%，可采资源为 $0.203\times10^{12}m^3$，占该区总量的 5.75%；宁夏回族自治区地质资源为 $0.68\times10^{12}m^3$，占该区总量的 4.94%，可采资源为 $0.161\times10^{12}m^3$，占该区总量的 4.56%；山东省地质资源为 $0.47\times10^{12}m^3$，占该

区总量的3.42%，可采资源为0.118×$10^{12}m^3$，占该区总量的3.34%；吉林省地质资源为0.45×$10^{12}m^3$，占该区总量的3.27%，可采资源为0.125×$10^{12}m^3$，占该区总量的3.54%；河北省地质资源为0.28×$10^{12}m^3$，占该区总量的2.04%，可采资源为0.069×$10^{12}m^3$，占该区总量的1.95%；天津市地质资源为0.03×$10^{12}m^3$，占该区总量的0.22%，可采资源为0.008×$10^{12}m^3$，占该区总量的0.23%；甘肃省地质资源为0.0022×$10^{12}m^3$，占该区总量的0.02%，可采资源为0.0005×$10^{12}m^3$，占该区总量的0.02%（表4-7、图4-20）。

**表4-7 华北—东北区页岩气资源省（直辖市，自治区）分布** （单位：$10^{12}m^3$）

| 省（直辖市，自治区） | 资源潜力 | 概率分布 | | | | |
|---|---|---|---|---|---|---|
| | | $P_5$ | $P_{25}$ | $P_{50}$ | $P_{75}$ | $P_{95}$ |
| 甘肃省 | 地质资源 | 0.0036 | 0.0026 | 0.0022 | 0.0013 | 0.0009 |
| | 可采资源 | 0.0009 | 0.0007 | 0.0005 | 0.0004 | 0.0003 |
| 河北省 | 地质资源 | 0.52 | 0.35 | 0.28 | 0.21 | 0.12 |
| | 可采资源 | 0.130 | 0.088 | 0.069 | 0.051 | 0.031 |
| 河南省 | 地质资源 | 3.63 | 2.94 | 2.62 | 2.43 | 2.28 |
| | 可采资源 | 0.915 | 0.741 | 0.660 | 0.613 | 0.571 |
| 黑龙江省 | 地质资源 | 6.01 | 5.32 | 4.89 | 4.48 | 3.98 |
| | 可采资源 | 1.684 | 1.491 | 1.370 | 1.254 | 1.115 |
| 吉林省 | 地质资源 | 0.87 | 0.61 | 0.45 | 0.29 | 0.08 |
| | 可采资源 | 0.244 | 0.172 | 0.125 | 0.081 | 0.024 |
| 辽宁省 | 地质资源 | 1.05 | 0.87 | 0.75 | 0.63 | 0.48 |
| | 可采资源 | 0.284 | 0.235 | 0.203 | 0.172 | 0.131 |
| 内蒙古自治区 | 地质资源 | 1.46 | 1.18 | 1.01 | 0.80 | 0.59 |
| | 可采资源 | 0.368 | 0.299 | 0.255 | 0.207 | 0.158 |
| 宁夏回族自治区 | 地质资源 | 1.06 | 0.85 | 0.68 | 0.41 | 0.30 |
| | 可采资源 | 0.257 | 0.202 | 0.161 | 0.118 | 0.089 |
| 山东省 | 地质资源 | 0.74 | 0.60 | 0.47 | 0.42 | 0.38 |
| | 可采资源 | 0.184 | 0.149 | 0.118 | 0.105 | 0.092 |
| 山西省 | 地质资源 | 1.60 | 1.50 | 1.38 | 1.28 | 1.19 |
| | 可采资源 | 0.320 | 0.300 | 0.276 | 0.257 | 0.237 |
| 陕西省 | 地质资源 | 2.03 | 1.53 | 1.19 | 0.94 | 0.77 |
| | 可采资源 | 0.480 | 0.363 | 0.286 | 0.201 | 0.162 |
| 天津市 | 地质资源 | 0.06 | 0.04 | 0.03 | 0.02 | 0.01 |
| | 可采资源 | 0.015 | 0.010 | 0.008 | 0.006 | 0.004 |
| 合计 | 地质资源 | 19.04 | 15.80 | 13.76 | 11.91 | 10.18 |
| | 可采资源 | 4.882 | 4.051 | 3.532 | 3.065 | 2.614 |

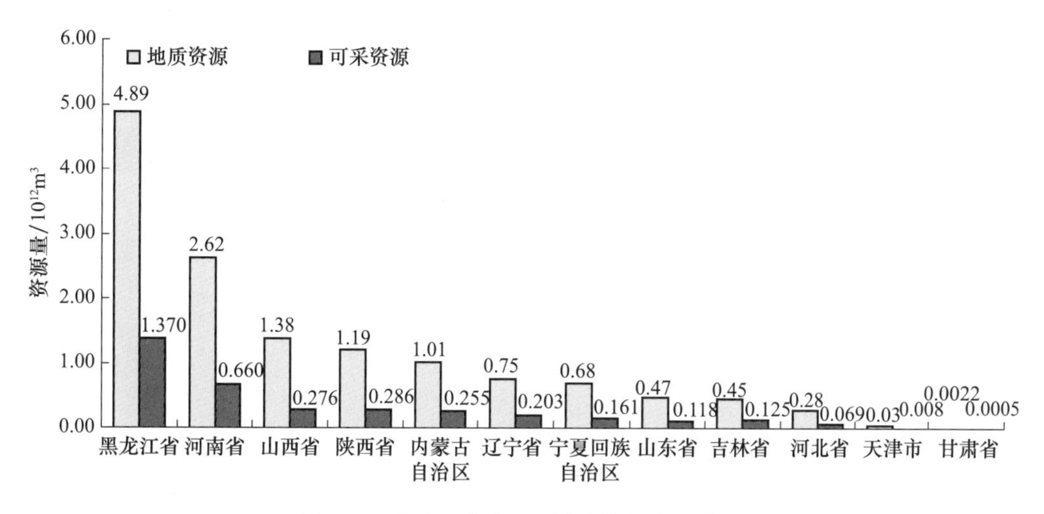


图 4-20 华北—东北区页岩气资源省际分布

第五章

# 页岩油有利区优选和资源评价

## 第一节　页岩油有利区优选

在对华北及东北区不同盆地泥页岩的地质特征、地球化学特征、储层特征等进行综合分析的基础上，依据有利区优选标准对华北及东北区页岩油有利区进行优选，共选出有利区29个，累计面积为130604.02$km^2$（表5-1、图5-1、图5-2）。其中，渤海湾盆地及外围地区有13个，累计面积为17480.82$km^2$，占总累计面积的13.38%；南华北盆地及南襄盆地有3个，累计面积为308.00$km^2$，占总累计面积的0.24%；松辽盆地及外围地区有10个，累计面积为90001.15$km^2$，占总累计面积的68.91%；鄂尔多斯盆地及外围地区有3个，累计面积为22814.05$km^2$，占总累计面积的17.47%。

表5-1　华北—东北区页岩油发育有利区分布表

| 层系 | | 大区 | 个数 | 面积/$km^2$ |
|---|---|---|---|---|
| 新生界 | 古近系 | 松辽盆地及外围地区 | 1 | 202.26 |
| | | 渤海湾盆地及外围地区 | 13 | 17480.82 |
| | | 南华北盆地及南襄盆地 | 3 | 308.00 |
| | | 松辽盆地及外围地区 | 3 | 28553.90 |
| 中生界 | 白垩系 | 松辽盆地及外围地区 | 6 | 61244.99 |
| | 三叠系 | 鄂尔多斯盆地及外围地区 | 3 | 22814.05 |
| 合计 | | | 29 | 130604.02 |

层系上有利区主要分布在中生界、新生界，其中古近系20个，累计面积为46544.98$km^2$，占总累计面积的35.64%；白垩系6个，累计面积为61244.99$km^2$，占总累计面积的46.89%；三叠系3个，累计面积为22814.05$km^2$，占总累计面积的17.47%（图5-3、图5-4）。

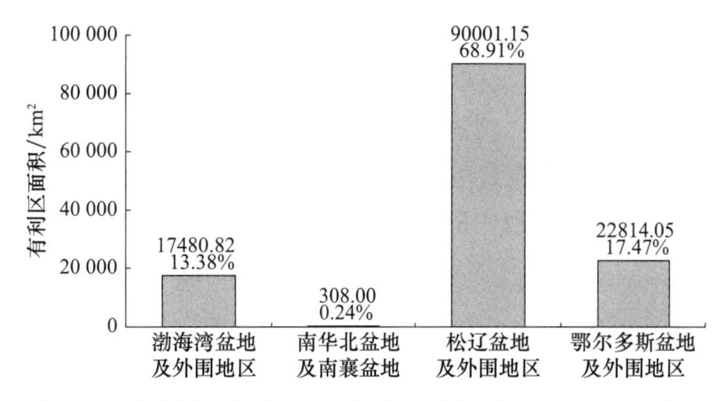


图 5-1 华北及东北区页岩油有利区累计面积及百分比分布图

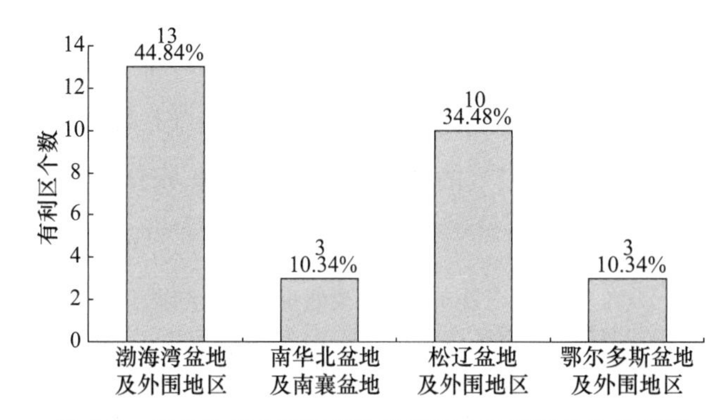


图 5-2 华北及东北区页岩油有利区个数及百分比分布图

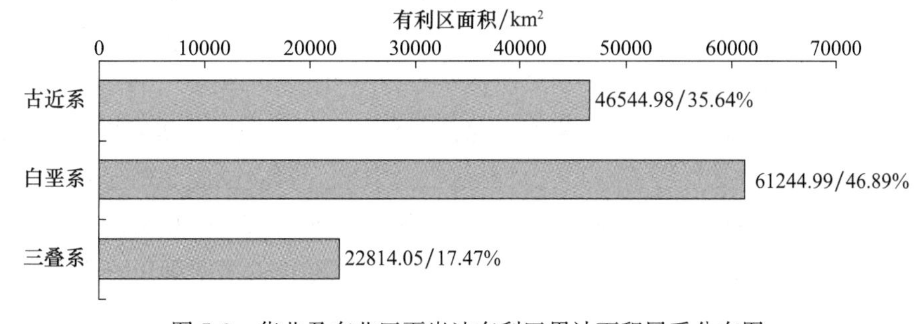


图 5-3 华北及东北区页岩油有利区累计面积层系分布图

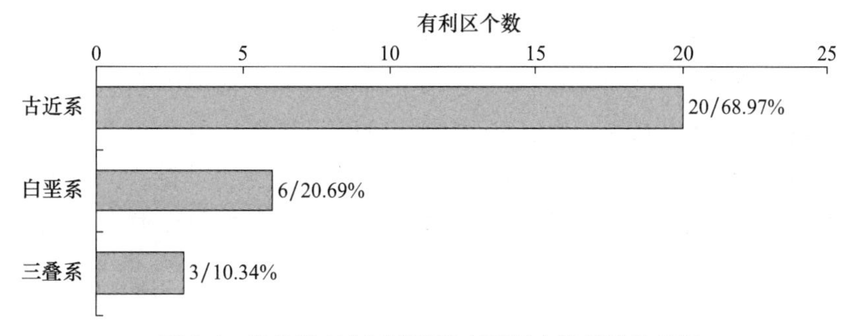


图 5-4 华北及东北区页岩油有利区个数层系分布图

# 第二节 页岩油资源评价

华北及东北区页岩油有利区地质资源为274.69×$10^8$t，可采资源为24.17×$10^8$t。

## 一、资源潜力大区分布

华北及东北区评价单元主要包括鄂尔多斯盆地及外围地区、松辽盆地及外围地区、渤海湾盆地及外围地区和南华北盆地及南襄盆地，其中，鄂尔多斯盆地及外围地区有利区地质资源为26.46×$10^8$t，占该区总量的9.63%，可采资源为2.33×$10^8$t；松辽盆地及外围地区有利区地质资源为131.93×$10^8$t，占该区总量的48.03%，可采资源为11.61×$10^8$t;渤海湾盆地及外围地区有利区地质资源为113.69×$10^8$t，占该区总量的41.39%，可采资源为10.00×$10^8$t；南华北盆地及南襄盆地有利区地质资源为2.61×$10^8$t，占该区总量的0.95%，可采资源为0.23×$10^8$t（表5-2、图5-5）。

表5-2 华北及东北区页岩油资源评价结果表 （单位：$10^8$t）

| 评价单元 | 资源潜力 | 概率分布 | | | | |
|---|---|---|---|---|---|---|
| | | $P_5$ | $P_{25}$ | $P_{50}$ | $P_{75}$ | $P_{95}$ |
| 鄂尔多斯盆地及外围地区 | 地质资源 | 25.89 | 42.31 | 26.46 | 20.32 | 18.90 |
| | 可采资源 | 2.28 | 3.72 | 2.33 | 1.79 | 1.66 |
| 松辽盆地及外围地区 | 地质资源 | 250.09 | 180.62 | 131.93 | 91.89 | 48.65 |
| | 可采资源 | 22.01 | 15.89 | 11.61 | 8.09 | 4.28 |
| 渤海湾盆地及外围地区 | 地质资源 | 288.61 | 177.60 | 113.69 | 79.00 | 55.11 |
| | 可采资源 | 25.40 | 15.63 | 10.00 | 6.95 | 4.85 |
| 南华北盆地及南襄盆地 | 地质资源 | 2.82 | 2.69 | 2.61 | 2.52 | 2.41 |
| | 可采资源 | 0.24 | 0.24 | 0.23 | 0.22 | 0.21 |
| 合计 | 地质资源 | 567.39 | 403.22 | 274.69 | 193.73 | 125.07 |
| | 可采资源 | 49.93 | 35.48 | 24.17 | 17.05 | 11.00 |

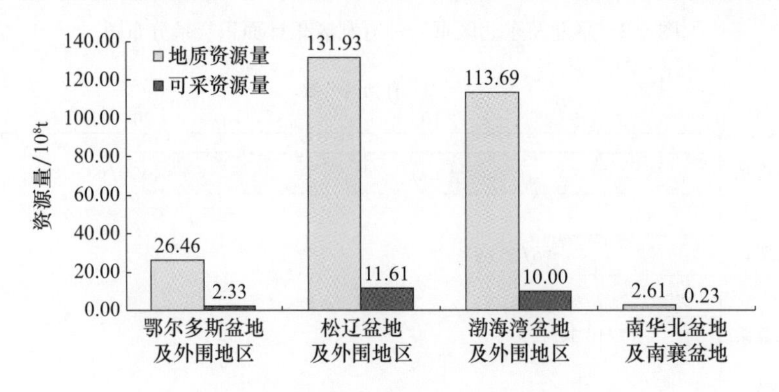


图5-5 华北及东北区页岩油资源分布

## 二、资源潜力层系分布

华北及东北区页岩油有利区资源主要分布在中生界的三叠系、白垩系和新生界的古近系。其中，三叠系有利区页岩油地质资源为26.46×$10^8$t，占该区总量的9.63%，可采资源为2.32×$10^8$t；白垩系地质资源为131.58×$10^8$t，占该区总量的47.90%，可采资源为11.58×$10^8$t；古近系地质资源为116.65×$10^8$t，占该区总量的42.47%，可采资源为10.27×$10^8$t（表5-3、图5-6）。

表5-3 页岩油资源层系分布表 （单位：$10^8$t）

| 层系 | | 资源潜力 | 概率分布 | | | | |
|---|---|---|---|---|---|---|---|
| | | | $P_5$ | $P_{25}$ | $P_{50}$ | $P_{75}$ | $P_{95}$ |
| 新生界 | 古近系 | 地质资源 | 292.11 | 180.79 | 116.65 | 81.77 | 57.61 |
| | | 可采资源 | 25.71 | 15.91 | 10.27 | 7.20 | 5.07 |
| 中生界 | 白垩系 | 地质资源 | 249.39 | 180.12 | 131.58 | 91.64 | 48.56 |
| | | 可采资源 | 21.94 | 15.85 | 11.58 | 8.06 | 4.27 |
| | 三叠系 | 地质资源 | 25.89 | 42.31 | 26.46 | 20.32 | 18.90 |
| | | 可采资源 | 2.28 | 3.72 | 2.32 | 1.79 | 1.66 |
| 合计 | | 地质资源 | 567.39 | 403.22 | 274.69 | 193.73 | 125.07 |
| | | 可采资源 | 49.93 | 35.48 | 24.17 | 17.05 | 11.00 |

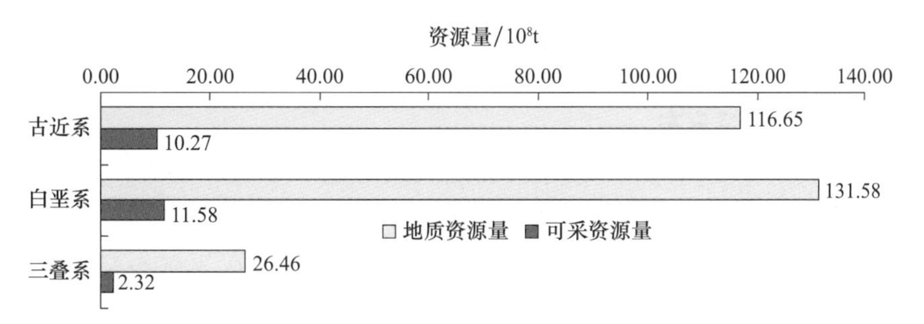


图5-6 华北及东北区页岩油有利区资源层系分布

## 三、资源潜力沉积相分布

海陆过渡相页岩油地质资源为26.46×$10^8$t，占该区总量的9.63%，可采资源为2.33×$10^8$t；陆相页岩油地质资源为248.23×$10^8$t，占该区总量的90.37%，可采资源为21.84×$10^8$t（表5-4、图5-7）。

表 5-4 华北及东北区页岩油资源沉积相分布 (单位：$10^8$t)

| 埋深 | 资源潜力 | 概率分布 | | | | |
|---|---|---|---|---|---|---|
| | | $P_5$ | $P_{25}$ | $P_{50}$ | $P_{75}$ | $P_{95}$ |
| 海陆过渡相 | 地质资源 | 25.89 | 42.31 | 26.46 | 20.32 | 18.90 |
| | 可采资源 | 2.28 | 3.72 | 2.33 | 1.79 | 1.66 |
| 陆相 | 地质资源 | 541.50 | 360.91 | 248.23 | 173.41 | 106.17 |
| | 可采资源 | 47.65 | 31.76 | 21.84 | 15.26 | 9.34 |
| 合计 | 地质资源 | 567.39 | 403.22 | 274.69 | 193.73 | 125.07 |
| | 可采资源 | 49.93 | 35.48 | 24.17 | 17.05 | 11.00 |

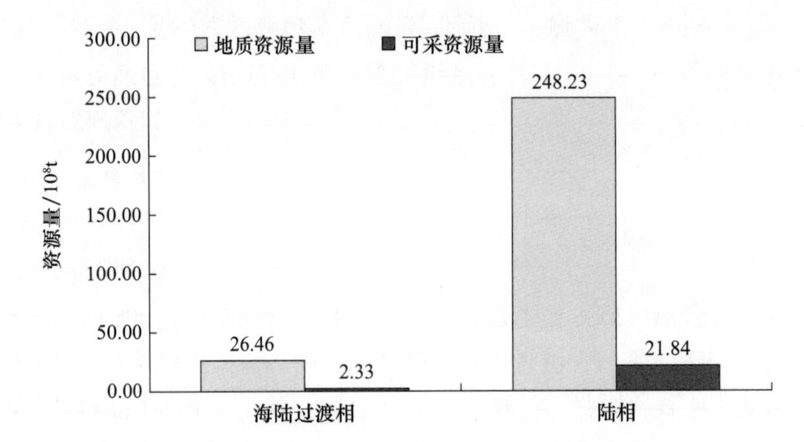


图 5-7 华北及东北区页岩油有利区资源沉积相系分布

## 四、资源潜力埋深分布

埋深在 500～1500m 的页岩油有利区地质资源为 132.44×$10^8$t，占该区总量的 48.22%，可采资源为 11.65×$10^8$t；埋深在 1500～3000m 的页岩油地质资源为 67.58×$10^8$t，占该区总量的 24.60%，可采资源为 5.95×$10^8$t；埋深在 3000～4500m 的页岩油地质资源为 74.67×$10^8$t，占该区总量的 27.18%，可采资源为 6.57×$10^8$t（表 5-5、图 5-8）。

表 5-5 华北及东北区页岩油资源深度分布 (单位：$10^8$t)

| 埋深 | 资源潜力 | 概率分布 | | | | |
|---|---|---|---|---|---|---|
| | | $P_5$ | $P_{25}$ | $P_{50}$ | $P_{75}$ | $P_{95}$ |
| 500～1500m | 地质资源 | 239.19 | 183.97 | 132.44 | 91.70 | 52.70 |
| | 可采资源 | 21.05 | 16.19 | 11.65 | 8.07 | 4.64 |

续表

| 埋深 | 资源潜力 | 概率分布 | | | | |
|---|---|---|---|---|---|---|
| | | $P_5$ | $P_{25}$ | $P_{50}$ | $P_{75}$ | $P_{95}$ |
| 1500～3000m | 地质资源 | 134.03 | 100.45 | 67.58 | 49.59 | 35.83 |
| | 可采资源 | 11.79 | 8.84 | 5.95 | 4.37 | 3.14 |
| 3000～4500m | 地质资源 | 194.17 | 118.80 | 74.67 | 52.44 | 36.54 |
| | 可采资源 | 17.09 | 10.45 | 6.57 | 4.61 | 3.22 |
| 合计 | 地质资源 | 567.39 | 403.22 | 274.69 | 193.73 | 125.07 |
| | 可采资源 | 49.93 | 35.48 | 24.17 | 17.05 | 11.00 |

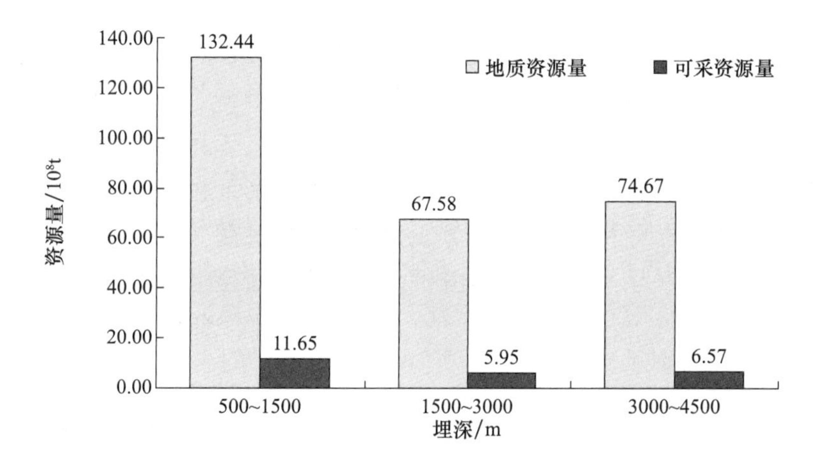


图 5-8 华北及东北区页岩油资源埋深分布

## 五、资源潜力地貌分布

华北及东北区页岩油有利区资源全部分布在平原地区、黄土塬地区及低山地区，其中，平原地区地质资源为 247.87×$10^8$t，占该区总量的 90.24%，可采资源为 21.81×$10^8$t；黄土塬地区地质资源为 26.46×$10^8$t，占该区总量的 9.63%，可采资源为 2.33×$10^8$t；低山地区地质资源为 0.35×$10^8$t，占该区总量的 0.13%，可采资源为 0.03×$10^8$t（图 5-9）。

## 六、资源潜力省（直辖市，自治区）分布

华北及东北区页岩油有利区资源主要分布在黑龙江省，其次分别为山东省、吉林省、陕西省、河南省、河北省、江苏省、甘肃省、辽宁省、天津市和宁夏回族自治区，其中，

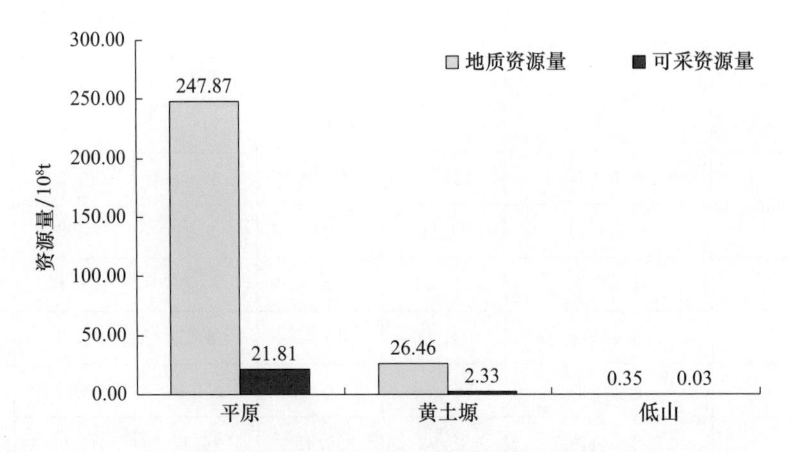


图 5-9 华北及东北区页岩油资源地表条件分布

黑龙江省地质资源为 80.26×$10^8$t，占该区总量的 14.61%，可采资源为 7.06×$10^8$t；山东省地质资源为 72.54×$10^8$t，占该区总量的 13.20%，可采资源为 6.38×$10^8$t；吉林省地质资源为 51.67×$10^8$t，占该区总量的 9.41%，可采资源为 4.55×$10^8$t；陕西省地质资源为 15.15×$10^8$t，占该区总量的 2.76%，可采资源为 1.33×$10^8$t；河南省地质资源为 12.63×$10^8$t，占该区总量的 2.30%，可采资源为 1.11×$10^8$t；河北省地质资源为 11.68×$10^8$t，占该区总量的 2.13%，可采资源为 1.03×$10^8$t；江苏省地质资源为 10.31×$10^8$t，占该区总量的 1.88%，可采资源为 0.91×$10^8$t；甘肃省地质资源为 9.73×$10^8$t，占该区总量的 1.77%，可采资源为 0.86×$10^8$t；辽宁省地质资源为 5.92×$10^8$t，占该区总量的 1.08%，可采资源为 0.52×$10^8$t；天津市地质资源为 3.22×$10^8$t，占该区总量的 0.59%，可采资源为 0.28×$10^8$t；宁夏回族自治区地质资源为 1.58×$10^8$t，占该区总量的 0.29%，可采资源为 0.14×$10^8$t（图 5-10）。

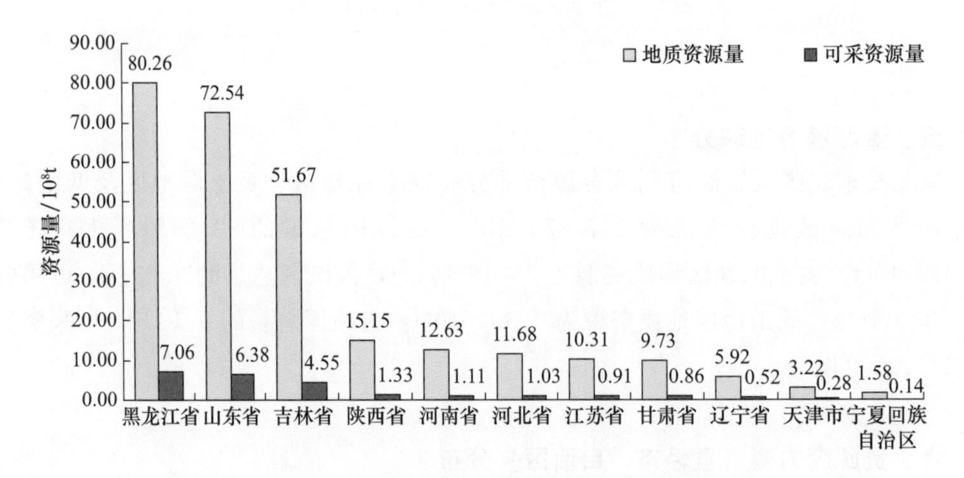


图 5-10 华北及东北区页岩油资源省（直辖市，自治区）分布

## 主要参考文献


边瑞康，张金川. 2013. 页岩气成藏动力特点及其平衡方程. 地学前缘，20（3）：254-259.

陈更生，董大忠，王世谦，等. 2009. 页岩气藏形成机理与富集规律初探. 天然气工业，29（5）：17-21.

丁文龙，张博闻，李泰明. 2003. 古龙凹陷泥岩非构造裂缝的形成. 石油与天然气地质，24（1）：50-54.

董大忠，程克明，王世谦，等. 2009. 页岩气资源评价方法及其在四川盆地的应用. 天然气工业，（5）：33-39.

付金华，郭少斌，刘新社. 2013. 鄂尔多斯盆地上古生界山西组页岩气成藏条件及勘探潜力. 吉林大学学报（地球科学版），32（4）：139-151.

高瑞祺，赵政璋. 2001. 中国南方海相油气地质及勘探前景. 北京：石油工业出版社.

高瑞祺. 1984. 泥岩异常高压带油气的生成排出特征与泥岩裂缝油气藏的形成//中国隐蔽油气藏勘探论文集. 哈尔滨：黑龙江科学技术出版社.

葛明娜，张金川，岳来群. 2013. 美国油气资源与选区评价. 海洋地质，33（1）：7-13.

谷士明，孙宝佃. 1985. 泥岩裂缝储集层研究. 测井技术，9（5）：14-21.

关德师，牛嘉玉，郭丽娜，等. 1995. 中国非常规油气地质. 北京：石油工业出版社.

郭宏，李凌，杨震，等. 2010. 有效开发中国页岩气. 天然气工业，30（12）：110-113.

郭少斌，王义刚. 2013. 鄂尔多斯盆地石炭系本溪组页岩气成藏条件及勘探潜力. 石油学报，34（3）：445-453.

胡文瑞，翟光明，李景明. 2010. 中国非常规油气的潜力和发展. 中国工程科学，12（5）：25-31.

黄玉珍，黄金亮，葛春梅，等. 2009. 技术进步是推动美国页岩气快速发展的关键. 天然气工业，29（5）：7-10.

姬美兰，赵旭亚，岳淑娟，等. 2002. 裂缝性泥岩油气藏勘探方法. 断块油气田. 9（3）：19-22.

姜文利. 2010. 煤层气与页岩气聚集主控因素对比. 天然气地球科学，6（21）：1054-1060.

姜照勇，孟江，祁寒冰. 2006. 泥岩裂缝油气藏形成条件与预测研究. 西部探矿工程，124：94-96.

蒋裕强，董大忠，王世谦，等. 2010. 页岩气储层的基本特征及其评价. 天然气工业，30（10）：7-12.

金之钧，蔡立国. 2007. 中国海相层系油气地质理论的继承与创新. 地质学报，81（8）：1017-1024.

昝立声. 1986. 松辽盆地新北地区泥岩裂缝油气藏的成因及分布. 大庆石油地质与开发，5（4）：26-31.

李大成，赵宗举，徐云俊. 2004. 中国海相地层油气成藏条件与有利勘探领域分析. 中国石油勘探，（5）：3-11.

李德生. 1980. 渤海湾含油气盆地的地质和构造特征. 石油学报，（1）：6-20.

李登华，李建忠，王社教，等. 2009. 页岩气藏形成条件分析. 天然气工业，29（5）：22-26.

李建忠，董大忠，陈更生，等. 2009. 中国页岩气资源前景与战略地位. 天然气工业，29（5）：11-16.

李时涛，王宣龙，项建新. 2004. 泥岩裂缝储层测井解释方法研究. 特种油气藏，11（6）：12-15.

李双建，肖开华，沃玉进，等. 2009. 中上扬子地区上奥陶统—下志留统烃源岩发育的古环境恢复. 岩石矿物学杂志，28（5）：450-458.

李伟，冷济高，宋东勇. 2006. 文留地区盐间泥岩裂缝油气藏成藏作用. 油气地质与采收率，13 (3)：31-34.

李新景，胡素云，程克明. 2007. 北美裂缝性页岩气勘探开发的启示. 石油勘探与开发，34 (4)：392-400.

李新景，吕宗刚，董大忠，等. 2009. 北美页岩气资源形成的地质条件. 天然气工业，29 (5)：27-32.

李延钧，张烈辉，冯媛媛，等. 2013. 页岩有机碳含量测井评价方法及其应用. 天然气地球科学，24 (1)：169-176.

李彦芳，张兴金，窦惠. 1987. 松辽盆地英台地区泥岩异常高压和泥岩裂缝的成因及对油气运移赋存的意义. 石油勘探与开发，14 (3)：7-15.

李玉喜，张金川. 2011. 我国非常规油气资源类型和潜力. 国际石油经济，3：61-67.

李玉喜，张金川. 2012. 我国油气资源新区新领域选区研究. 北京：地质出版社.

李玉喜，聂海宽，龙鹏宇. 2009. 我国富含有机质泥页岩发育特点与页岩气战略选区. 天然气工业，29 (12)：115-120.

李玉喜，乔德武，姜文利，等. 2011. 页岩气含气量及页岩气地质评价综述. 地质通报，30 (2-3)：308-317.

李玉喜，张大伟，张金川. 2012a. 页岩气新矿种的确立及其意义. 天然气工业，32 (7)：1-6.

李玉喜，张金川，姜生玲，等. 2012b. 页岩气地质综合评价和目标优选. 地学前缘，19 (5)：332-338.

梁狄刚，陈建平. 2005. 中国南方高、过成熟区海相烃源岩油源对比问题. 石油勘探开发，32 (2)：8-14.

梁狄刚，郭彤楼，陈建平，等. 2008. 中国南方海相生烃成藏研究的若干新进展（一）：南方四套区域性海相烃源岩的地球化学特征. 海相油气地质，13 (2)：1-16.

梁狄刚，郭彤楼，陈建平，等. 2009a. 中国南方海相生烃成藏研究的若干新进展（二）：南方四套区域性海相烃源岩的沉积相及发育的控制因素. 海相油气地质，14 (1)：1-15.

梁狄刚，郭彤楼，陈建平，等. 2009b. 中国南方海相生烃成藏研究的若干新进展（三）：南方四套区域性海相烃源岩的分布. 海相油气地质，14 (2)：1-19.

林腊梅，张金川，唐玄. 2013. 中国陆相页岩气的形成条件. 地质勘探，33 (1)：35-41.

刘丽芳，徐波，张金川，等. 2005. 中国海相页岩及其成藏意义//中国科协 2005 学术年会论文集，以科学发展观促进科技创新（上）. 北京：科学技术出版社：457-463.

刘庆，张林晔，沈忠民，等. 2004. 东营凹陷富有机质烃源岩顺层微裂隙的发育与油气运移. 地质评论，50 (6)：593-597.

龙鹏宇，张金川，李玉喜，等. 2009. 重庆及周缘地区下古生界页岩气资源潜力. 天然气工业，28 (12)：125-129.

龙鹏宇，张金川，聂海宽，等. 2011. 泥页岩裂缝发育特征及其对页岩气聚集与产出意义. 天然气地球科学，22 (3)：525-532.

聂海宽，唐玄，边瑞康. 2009. 页岩气成藏控制因素及中国南方页岩气发育有利区预测. 石油学报，30 (4)：484-491.

宁方兴. 2009. 东营凹陷现河庄地区泥岩裂缝油气藏形成机制. 新疆石油天然气，4 (1)：20-25.

潘仁芳，伍缓，宋争. 2009. 页岩气勘探的地球化学指标及测井分析方法初探. 中国石油勘探，(3)：6-9.
蒲泊伶，包书景，王毅，等. 2008. 页岩气聚集条件分析——以美国页岩气盆地为例. 石油地质与工程，22 (3)：33-36.
苏晓捷. 2003. 辽河断陷盆地泥岩裂缝油气藏研究. 特种油气藏，10 (5)：29-33.
孙超，朱筱敏，陈菁，等. 2007. 页岩气与深盆气成藏的相似与相关性. 油气地质与采收率，14 (1)：26-31.
王德新，江裕彬，吕从容. 1996. 在泥页岩中寻找裂缝油、气藏的一些看法. 西部探矿工程，8 (2)：11-14.
王广源，张金川，李晓光，等. 2010. 辽河东部凹陷古近系页岩气聚集条件分析. 西安石油大学学报(自然科学版)，25 (2)：1-5.
王世谦，陈更生，董大忠，等. 2009. 四川盆地下古生界页岩气藏形成条件与勘探前景. 天然气工业，29 (5)：51-58.
武景淑，于炳松，张金川，等. 2013. 渝东南渝页1井下志留统龙马溪组页岩孔隙特征及其主控因素. 地学前缘，20 (4)：240-250.
谢忱，张金川，李玉喜，等. 2013. 渝东南渝科1井下寒武统富有机质页岩发育特征与含气量. 石油与天然气地质，34 (1)：11-16.
徐士林，包书景. 2009. 鄂尔多斯盆地三叠系延长组页岩气形成条件及有利发育区预测. 天然气地球科学，20 (3)：460-465.
徐世琦，洪海涛，师晓蓉. 2002. 乐山—龙女寺古隆起与下古生界含油气性的关系探讨. 天然气勘探与开发，25 (3)：10-15.
闫存章，黄玉珍，葛泰梅. 2009. 页岩气是潜力巨大的非常规天然气资源. 天然气工业，29 (5)：1-6.
杨超，张金川，唐玄. 2013. 鄂尔多斯盆地陆相页岩微观孔隙类型及对页岩气储渗的影响. 地学前缘，20 (4)：240-250.
曾凡辉，郭建春，刘恒，等. 2013. 北美页岩气高效压裂经验及对中国的启示. 西南石油大学学报(自然科学版)，35 (6)：1-9.
张爱云，伍大茂，郭丽娜，等. 1987. 海相黑色页岩建造地球化学与成矿意义. 北京：科学出版社.
张大伟. 2010. 加速我国页岩气资源调查和勘探开发战略构想. 石油与天然气地质，31 (2)：135-150.
张大伟. 2011b. 加强我国页岩气资源管理思路框架. 天然气工业，12.
张大伟. 2011a. 加快中国页岩气勘探开发和利用的主要路径. 天然气工业，31 (5)：1-5.
张光亚，陈全茂，刘来民. 1993. 南阳凹陷泥岩裂缝油气藏特征及其形成机制探讨. 石油勘探与开发，20 (1)：18-26.
张杰，金之钧，张金川. 2004. 中国非常规油气资源潜力及分布. 当代石油化，12 (10)：17-19.
张金川，薛会，卞昌蓉，等. 2006. 中国非常规天然气勘探雏议. 天然气工业，26 (12)：53-56.
张金川，聂海宽，徐波，等. 2008a. 四川盆地页岩气成藏地质条件. 天然气工业，28 (2)：151-156.
张金川，汪宗余，聂海宽，等. 2008b. 页岩气及其勘探研究意义. 现代地质，22 (4)：640-646.
张金川，徐波，聂海宽，等. 2008c. 中国页岩气资源量勘探潜力. 天然气工业，28 (6)：136-140.

张金川，林腊梅，李玉喜. 2012a. 页岩油分类与评价. 地学前缘，19（5）：322-331.

张金川，林腊梅，李玉喜. 2012b. 页岩气资源评价方法与技术：概率体积法. 地学前缘，19（2）：184-191.

张金功，袁政文. 2002. 泥质岩裂缝油气藏的成藏条件及资源潜力. 石油与天然气地质，23（4）：336-339.

张俊鹏，樊太亮，张金川，等. 2013. 露头层序地层学在上扬子地区页岩气初期勘探中的应用：以下寒武统牛蹄塘组为例. 现代地质，27（4）：978-986.

张抗，谭云冬. 2009. 世界页岩气资源潜力和开采现状及中国页岩气发展前景. 当代石油石化，17（3）：9-12.

张林晔，李政，朱日房. 2008. 济阳拗陷古近系存在页岩气资源的可能性. 天然气工业，28（12）：26-29.

张水昌，梁狄刚，张大江. 2002a. 关于古生界烃源岩有机质丰度的评价标准. 石油勘探与开发，29（2）：8-12.

张永昌，梁狄刚，张大江. 2002b. 关于古生界烃源岩有机质评价标准. 石油勘探与开发，2（2）：9-12.

赵孟军，张水昌，廖志勤. 2001. 原油裂解气在天然气勘探中的意义. 石油勘探与开发，28（4）：47-56.

赵群，王红岩，刘人和，等. 2008. 世界页岩气发展现状及我国勘探前景. 天然气技术，2（3）：11-14.

周文，苏瑗，王付斌，等. 2011. 鄂尔多斯盆地富县区块中生界页岩气成藏条件与勘探方向. 天然气工业，31（2）：1-5.

邹才能，杨智，崔景伟. 2013. 页岩油形成机制、地质特征及发展对策. 石油勘探与开发，40（1）：14-27.

Arthur M A，Sageman B B. 1994. Marine black shales：Depositional mechanism and environments of ancient deposits. Annual Review of Earth and Planetary Science，22：499-551.

Bowker K A. 2003. Recent development of the Barnett Shale play，Fort Worth Basin. West Texas Geological Society Bulletin，42（6）：4-11.

Brage R K，Bjarne F. 2013. Shut-in based production optimization of shale-gas systems. Computers and Chemical Engineering，58：54-67.

Bustin R M. 2005. Gas Shale Tapped for Big Pay. AAPG Explorer，February：6-8.

Christophe M G，Jamie S，Steve S. 2013. Methods of estimating shale gas resources e Comparison，evaluation and implications. Energy，59：116-125.

Curtis B C，Montgomery S L. 2002. Recoverable natural gas resource of the United States：Summary of recent estimates. AAPG Bulletin，86（10）：1671-1678.

Curtis J B. 2002. Fractured shale-gas systems. AAPG Bulletin，86（11）：1921-1938.

Daniel J K，Ross D J K，Bustin R M. 2009. The importance of shale composition and pore structure upon gas storage potential of shale gas reservoirs. Marine and Petroleum Geology，26：916-927.

Daniel J K R，Bustin R M. 2001. Shale gas potential of the Lower Jurassic Gordondale Member，northeastern British Columbia，Canada. Bulletin of Canadian Petroleum Geology，55：51-75.

Daniel J K R，Bustin R M. 2008. Characterizing the shale gas resource potential of Devonian-Mississippian strata in the Western Canada sedimentary basin：Application of an integrated formation evaluation.

AAPG Bulletin，92：87-125.

Daniel M J，Ronald J H，Ruble T E，et al. 2007. Unconventional shale-gas systems：The Mississippian Barnett Shale of north-central Texas as one model for thermogenic shale-gas assessment. AAPG Bulletin，91：475-499.

Daniel R，Ralf L，Benjamin B，et al. 2013. Organic geochemistry and petrography of Lower Cretaceous Wealden black shales of the Lower Saxony Basin：The transition from lacustrine oil shales to gas shales. Organic Geochemistry，63：18-36.

David F M. 2007. History of the Newark East field and the Barnett Shale as a gas reservoir. AAPG Bulletin，91：399-403.

Dewhurst D N，Aplin A C，Sarda J P. 1999. Influence of clay fraction on pore-scale properties and hydraulicconductivity of experimentally compacted mudstones. Journal of Geophysical Research，104：29261-29274.

Farhad Q，Clarkson C R. 2013. A new method for production data analysis of tight and sha le gas reservoir s during transient lin ear flow period. Journal of Natural Gas Science and Engineering，14：55-65.

Francesco G，Peter Z. 2013. Exploring the uncertainty around potential shale gas development-A global energy system analysis based on TIAM（TIMES Integrated Assessment Model）. Energy，57：443-457.

Freeman C M，Moridis G，Ilk D，et al. 2013. A numerical study of performance for tight gas and shale gas reservoir systems. Journal of Petroleum Science and Engineering，108：22-33.

Gareth R L C，Bustin R M. 2008a. Lower Cretaceous gas shales in northeastern British Columbia，Part I：geological controls on methane sorption capacity. Bulletin of Canadian Petroleum Geology，56：1-21.

Gareth R L C，Bustin R M. 2008b. Lower Cretaceous gas shales in northeastern British Columbia，Part II：evaluation of regional potential gas resources. Bulletin of Canadian Petroleum Geology，56：22-61.

Hao F，Zou H Y，Lu Y C. 2013. Mechanisms of shale gas storage：Implications for shale gas exploration in China. AAPG Bulletin，97（8）：1325-1346.

Hill D G，Nelson C R. 2000. Reservoir properties of the Upper Cretaceous Lewis Shale，a new natural gas play in the San Juan Basin. AAPG Bulletin，84（8）：1240.

Hill D G，Lombardi T E. 2002. Fractured Gas Shale Potential in New York. Colorado：Arvada.

Ibach L E J. 1982. Relationship between sedimentation rate and total organic carbon content in ancient marine sediments. AAPG Bulletin，66（2）：170-188.

Jarvie D M，Hill R J，Ruble T E，et al. 2007. Unconventional shale-gas systems：The Mississippian Barnett Shale of north-central Texas as one model for thermogenic shale-gas assessment. AAPG Bulletin，91（4）：475-499.

John J V，Nicholas D，Flora M. 2013. Geochemical controls on shale microstructure. Geology，41（5）：611-614.

Kent A B. 2007. Barnett Shale gas production，Fort Worth Basin：Issues and discussion. AAPG Bulletin，91：523-533.

Kurt C W, Louis J D. 2013. Optimization of shale gas field development using direct search techniques and reduced-physics models. Journal of Petroleum Science and Engineering, 108: 304-315.

Law B E, Curtis J B. 2002. Introduction to unconventional petroleum systems. AAPG Bulletin, 86 (11): 1851-1852.

Manger K C, Curtis J B. 1991. Geologic influences on location and production of Antrim Shale gas. Devonian Gas Shales Technology Review (GRI), 7 (2): 5-16.

Mariano M, Ignacio E. 2003. Grossmann. Optimal use of hybrid feedstock, switchg rass and shale gas for thesimultane ous produ ction of hydrogen and liquid fuels. Energy, 55: 378-391.

Martini A M, Walter L M, McIntosh J C. 2008. Identification of microbial and thermogenic gas components from Upper Devonian black shale cores, Illinois and Michigan basins. AAPG Bulletin, 92 (3): 327-339.

Mavor M. 2003. Barnett Shale gas-in-place volume including sorbed and free gas volume: AAPG Southwest Section Meeting, Texas, March1-4, 2003. Fort Worth: Texas.

Michae L A, Jacqueline M M. A preliminary energy return on investment analysis of natural gas from the Marcellus Shale. Journal of Industrial Ecology, 17 (5): 668-688.

Montgomery S L, Jarvie D M, Bowker K A, et al. 2005. Mississippian barnett shale, fort worth Basin, north-central Texas: Gas-shale play with multi-trillion cubic foot potential. AAPG Bulletin, 89 (2): 155-175.

Pollastro R M, Jarvie D M, Hill R J, et al. 2007. Geologic framework of the Mississippian Barnett Shale, Barnett-Paleozoic total petroleum system, Bendarch-Fort Worth Basin, Texas. AAPG Bulletin, 91 (4): 405-436.

Richard M. 2007. PollastroTotal petroleum system assessment of undiscovered resources in the giant Barnett Shale continuous (unconventional) gas accumulation, Fort Worth Basin, Texas. AAPG Bulletin, 91: 551-578.

Robert G L, Stephen C R. 2007. Mississippian Barnett Shale: Lithofacies and depositional setting of a deep-water shale-gas succession in the Fort Worth Basin, Texas. AAPG Bulletin, 91: 579-601.

Ross D J K, Bustin R M. 2007. Shale gas potential of the Lower Jurassic Gordondale Member, northeastern British Columbia, Canada. Bulletin of Canadian Petroleum Geology, 55 (3): 51-75.